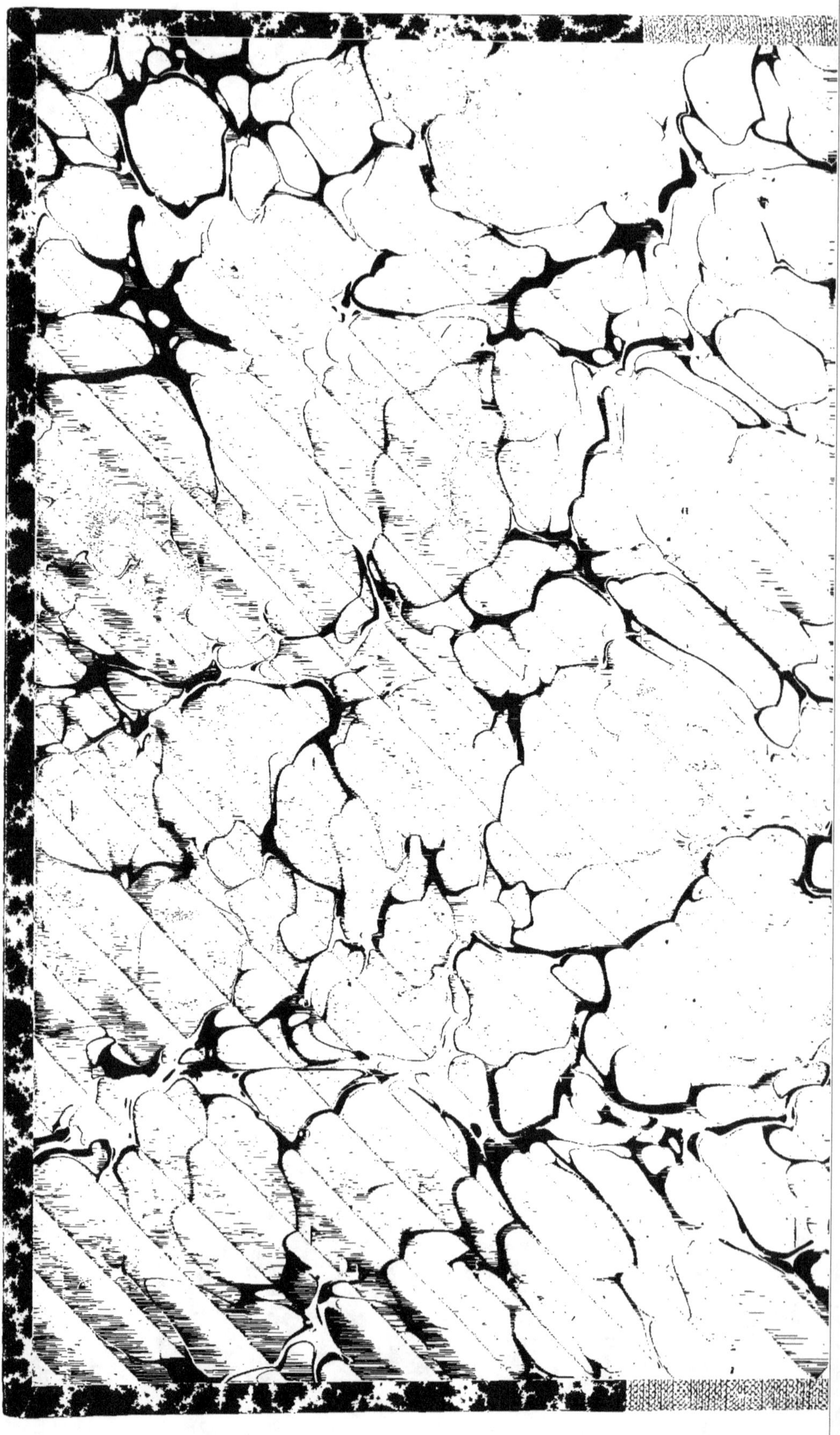

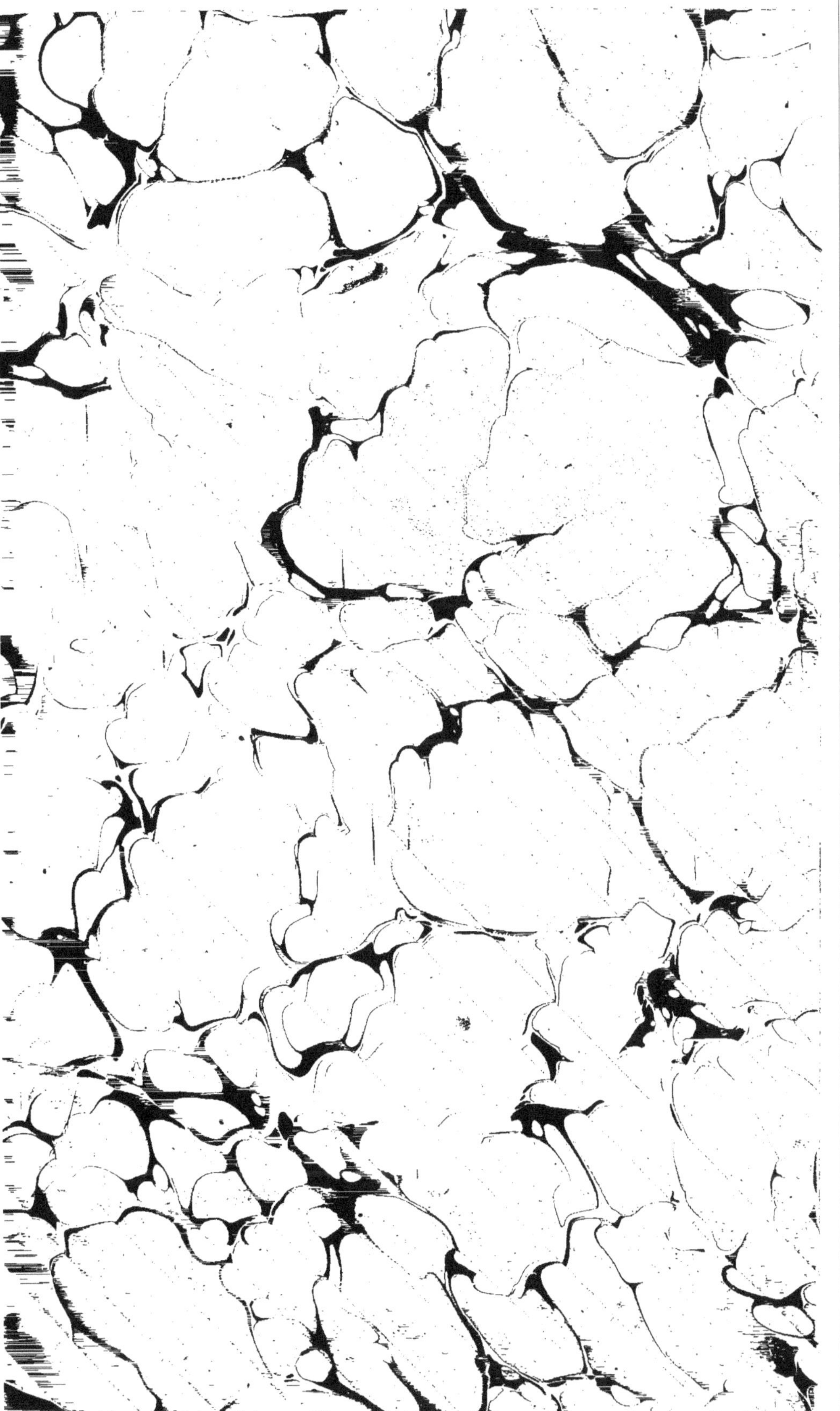

ERRABO

ÉTUDE

SUR

LA VALEUR AGRICOLE DES TERRES

DE MADAGASCAR

PAR

MM. A. MÜNTZ

MEMBRE DE L'INSTITUT, DIRECTEUR DES LABORATOIRES À L'INSTITUT NATIONAL AGRONOMIQUE

ET

EUG. ROUSSEAUX

INGÉNIEUR AGRONOME

PRÉPARATEUR DE CHIMIE À L'INSTITUT NATIONAL AGRONOMIQUE

(Extrait du *Bulletin du Ministère de l'Agriculture.* — 1900, n° 5)

PARIS

IMPRIMERIE NATIONALE

M DCCCCI

ÉTUDE

SUR

LA VALEUR AGRICOLE DES TERRES

DE MADAGASCAR,

PAR

MM. A. MÜNTZ,

MEMBRE DE L'INSTITUT, DIRECTEUR DES LABORATOIRES À L'INSTITUT NATIONAL AGRONOMIQUE,

ET

EUG. ROUSSEAUX,

INGÉNIEUR AGRONOME,

PRÉPARATEUR DE CHIMIE À L'INSTITUT NATIONAL AGRONOMIQUE.

INTRODUCTION.

Dans l'esprit de beaucoup de personnes, l'avenir de Madagascar semble devoir résider principalement dans la mise en valeur, pour la production agricole, des terres incultes qui y occupent de si vastes étendues.

A l'heure actuelle, où la pacification de l'île est à peu près complète et où presque toutes les régions sont accessibles aux colons européens, le moment est venu de présenter, au point de vue agricole, les considérations qui peuvent servir à guider, vers un but utile, les efforts de la colonisation.

L'île de Madagascar a été appréciée différemment par les voyageurs qui l'ont parcourue et même par ceux qui y ont fait de longs séjours.

Elle a été représentée tantôt comme ne contenant en majeure partie que des terres impropres à la culture, tantôt comme offrant, au contraire, de grandes ressources.

La tendance des colons est souvent d'adopter les opinions les plus favorables; ils peuvent se préparer ainsi des déceptions. Il faut donc être très réservé dans les appréciations sur la valeur agricole d'un pays neuf, et on doit s'entourer avant tout de renseignements précis.

En présence de ces divergences de vues, l'étude des terres de Madagascar peut intervenir utilement, en précisant un certain nombre de conditions qui influent sur la production végétale; elle pourra servir de guide, dans une certaine mesure, pour détourner les colons de l'exploitation de sols qui leur occasionneraient des mécomptes et leur indiquer ceux qui, par contre, peuvent être exploités avantageusement.

On ne possédait pas jusqu'ici de données analytiques sur la composition des terres de Madagascar; c'est ce qui a justifié notre intervention, et, quoique nous n'ayons pas été sur les lieux, nos études apporteront, à la détermination de la valeur agricole de ce pays, leur contingent de documents positifs.

MM. Müntz et Rousseaux.

Elles ont été entreprises à la demande du général Galliéni et de M. Alfred Grandidier, à qui revient une si large part dans l'impulsion donnée à l'organisation de la Grande Ile et à la connaissance des ressources naturelles qu'elle présente.

M. Prudhomme, chef du Service de l'Agriculture à Madagascar, a contribué à ce travail d'ensemble, dont il a rendu l'exécution possible.

Avant d'en exposer les résultats, nous ne croyons pas superflu d'indiquer brièvement quels sont les principaux facteurs qui interviennent dans la production végétale.

CONSIDÉRATIONS GÉNÉRALES.

La plante puise dans le sol une partie de ses éléments constitutifs, parmi lesquels l'azote, l'acide phosphorique, la potasse, la chaux, sont les plus importants.

En effet, ces substances n'existent pas ordinairement dans le sol en fortes quantités, et l'absence assez fréquente de l'une ou de l'autre d'entre elles condamne la terre à la stérilité.

Une terre qui en est dépourvue est improductive; celle qui ne les renferme qu'en faible proportion est peu fertile; là où ils sont relativement abondants, on peut espérer trouver des conditions de production intensive.

Un examen superficiel permet de se rendre compte approximativement des ressources d'un terrain : s'il est cultivé, la vigueur de la végétation montre à quelle catégorie il appartient; s'il est en friche, c'est la végétation spontanée qui indique le mieux s'il possède ou non un fonds de fertilité; une végétation chétive et clairsemée est l'indice de conditions défavorables à l'utilisation agricole; une végétation spontanée luxuriante permet de regarder la terre comme pourvue d'une certaine quantité d'éléments nutritifs.

La connaissance de l'origine géologique des terrains est également très instructive, car les terres dérivent directement des roches, et leur composition chimique, aussi bien que leurs propriétés physiques, sont intimement liées à la nature de ces dernières.

C'est ainsi que les terrains formés par la décomposition des granits sont généralement compacts et manquent d'acide phosphorique et de chaux, mais sont riches en potasse; que les terres provenant des formations crétacées sont, au contraire, meubles, riches en acide phosphorique et en chaux, et pauvres en potasse.

Les alluvions, constituées par les éléments les plus fins charriés par les eaux, sont souvent le résultat de mélanges de terres d'origines différentes, et la pauvreté des unes est quelquefois compensée par la richesse des autres. Cet effet est considérablement augmenté par les modifications profondes et rapides que subit parfois le relief des terrains sous l'influence des eaux torrentielles.

Les sols qui ne sont pas suffisamment riches peuvent être améliorés par des engrais et des amendements, dont le rôle est précisément de fournir à la terre les éléments fertilisants qu'elle ne contient pas en quantité assez élevée pour produire de fortes récoltes. Les amendements ont aussi pour but de modifier la nature de la terre en l'ameublissant.

Mais on ne doit pas perdre de vue que le fonds de l'alimentation des plantes est le sol et que les amendements et les engrais ne doivent être regardés que comme des adjuvants.

Étant admis que les sols insuffisamment pourvus de principes fertilisants ont besoin de fumures pour être mis en production, examinons les conditions économiques qui règlent l'emploi des engrais.

En général, les terres très pauvres ne peuvent pas pratiquement être rendues fertiles par un apport artificiel; celui-ci, pour être efficace, devrait être si grand que peu de cultures sauraient en rémunérer la dépense.

On ne peut faire d'exception que quand il s'agit de récoltes d'une valeur élevée, localisées en quelques points où le climat leur est particulièrement favorable.

C'est fréquemment le cas sous les tropiques, où des cultures telles que celles du thé, de la vanille, etc., sont d'un grand rapport.

Les terres stériles par elles-mêmes ne sauraient donc pas, dans la généralité des cas, être transformées avec profit, par les fumures, en terres de bonne production; il convient de les abandonner; les frais que nécessiterait leur amélioration seraient difficilement compensés par le surcroît de récolte.

Dans des terres qui, au contraire, renferment déjà de quoi fournir à une production à peu près normale, on peut arriver par des fumures relativement modérées à obtenir une récolte rémunératrice. Parfois même l'apport de tel ou tel principe fertilisant dans une terre déjà riche par elle-même en exalte encore la fertilité.

C'est donc généralement sur les sols de production moyenne et surtout sur ceux de grande production que l'agriculteur doit concentrer ses efforts.

Dans les pays où l'on trouve à proximité, ou avec des facilités de transport, les matériaux propres à augmenter la fertilité, il y a un réel intérêt à entrer dans la voie des améliorations. Les principaux progrès de l'agriculture dans les pays d'Europe sont dus à l'apport judicieux des principes utiles qui manquaient à la terre. Souvent un seul des éléments fait défaut, et son absence condamne le sol à la stérilité. Vient-on à le lui donner, on rend celui-ci apte à la culture.

C'est ainsi que l'apport de phosphates a fait rentrer dans les conditions des cultures normales les terrains granitiques, qui occupent de si vastes surfaces du territoire français; ceux-ci contiennent en suffisance l'azote et la potasse, mais, manquant d'acide phosphorique, ils étaient, de ce fait, infertiles.

L'emploi d'amendements calcaires dans les terres acides, où se sont accumulées les matières végétales et où les plantes cultivées ne sauraient prospérer, transforme l'azote en produits assimilables et permet l'obtention d'abondantes récoltes.

De même encore, les chaulages et les marnages pratiqués dans des terres fortes et imperméables, dont le travail est presque impossible, en amènent l'ameublissement qui permet leur mise en valeur.

Les exemples sont nombreux des modifications heureuses apportées par un emploi judicieux de telles ou telles matières fertilisantes.

Il convient de redire ici que, dans les terres où tous les éléments font défaut, ce serait presque toujours une erreur économique de tenter leur amélioration par l'apport d'engrais complets qui seraient indispensables à leur fertilisation.

Telles sont les considérations qui s'appliquent aux pays de civilisation agricole avancée, tels que ceux de l'Europe.

Mais dans les pays neufs, qui sont éloignés des centres d'approvisionnement de matières fertilisantes, où les moyens de communication sont peu développés et les transports coûteux, il ne faut guère compter que sur la richesse naturelle du sol et on doit abandonner les terres où celle-ci n'est pas suffisante par elle-même. Tout au plus, pour les améliorer, peut-on utiliser quelques ressources locales quand elles sont à portée, telles que la chaux des roches calcaires, les marnes, etc., qu'on ne saurait cependant employer à une certaine distance des lieux de production. Cela est vrai pour la grande culture; mais il y a, comme nous l'avons dit, des exceptions pour certaines cultures spéciales particulièrement rémunératrices et pour des situations particulières. Aussi voit-on souvent, dans les pays tropicaux, qui sont susceptibles de produire des récoltes de grand rapport et qui, par suite, peuvent supporter des frais de culture beaucoup plus considérables que les exploitations européennes, les engrais chimiques employés fructueusement. A Ceylan, par exemple, pour le thé; à Java, pour le café; à Bourbon, pour le café et la canne à sucre, etc., on importe de grandes quantités de ces engrais, principalement sous la forme de tourteaux et de poudre d'os.

Outre la teneur de la terre en éléments fertilisants, il faut envisager sa nature physique et principalement sa manière de se comporter au contact des eaux pluviales.

Ainsi, les terres fortes contenant beaucoup d'éléments fins se prennent en une pâte liante quand elles sont mouillées; elles adhèrent fortement aux instruments de labour, s'égouttent lentement et gardent l'eau par suite de leur imperméabilité; elles se ravinent par les pluies, surtout quand les pentes sont fortes; d'autre part, la dessiccation les transforme en masses très dures qui ne se laissent pas entamer par les instruments aratoires; elles se crevassent et sont difficiles à travailler. Même si de pareilles terres contiennent en notable proportion des principes fertilisants, elles sont peu propres à être cultivées.

Les terres légères, douées de perméabilité, se travaillent plus facilement, mais elles n'ont ordinairement qu'une faible réserve d'éléments nutritifs; elles se dessèchent leurs rapidement et n'offrent plus alors à la plante l'eau de végétation dont elle a besoin.

Les terres riches en matières organiques et de couleur noirâtre, qui occupent le plus généralement les fonds de vallées ou les endroits marécageux, sont d'un travail plus facile. Elles sont spongieuses et retiennent l'eau; celle-ci y séjourne quelquefois au point de nécessiter un assainissement.

Les alluvions charriées par les rivières, qui les déposent sur leurs rives ou vers leurs embouchures, sont généralement formées par une accumulation d'éléments fins et fertiles, où la végétation, disposant d'une quantité suffisante d'eau, se développe plantureusement. Elles forment des terres franches d'un travail facile.

Nous venons de considérer le sol dans lequel se développe la plante.

Mais il existe des facteurs d'une importance tout aussi grande et plus grande même : ce sont les conditions climatériques, et, parmi celles-ci, l'intervention de l'eau doit particulièrement fixer notre attention.

L'eau est absolument indispensable à la végétation, qui ne peut se développer en son absence.

Lorsque les pluies se répartissent d'une façon sensiblement régulière, le sol en retient assez pour que les plantes y trouvent la réserve nécessaire à leur accroissement.

Mais il n'en est pas toujours ainsi.

Dans les régions où il y a de grands intervalles entre les pluies et où les saisons se répartissent en périodes sèches et en périodes pluvieuses, l'eau peut, à certains moments, venir à manquer. Les plantes n'ont alors à compter que sur la vapeur d'eau que leur apporte l'air, qui en est d'autant plus chargé qu'on se rapproche davantage de la mer. Certaines plantes peuvent se contenter de cet apport; d'autres le trouvent insuffisant et souffrent alors par cela même : c'est le cas du thé, qui aime à vivre dans une atmosphère humide.

A la rigueur, une terre pauvre, alors surtout qu'il s'agit de cultures tropicales généralement peu exigeantes, peut arriver à produire une certaine récolte quand l'eau ne lui fait pas défaut; mais une terre riche est vouée à la stérilité quand elle n'a pas l'humidité suffisante. Cette observation s'applique à Madagascar et plus encore aux Indes anglaises, où la famine se déclare dès que les pluies viennent à manquer.

Dans les pays abondamment arrosés, où l'on peut faire intervenir les eaux sous forme d'irrigations, celles-ci constituent un nouvel élément de fertilité, tant par l'humectation du sol que par les principes nutritifs que contient l'eau elle-même en dissolution ou en suspension. Il convient de citer ce qui a été fait sous ce rapport à Java et sur la côte Est de l'Hindoustan, où des travaux d'irrigation ont permis de gagner de grandes surfaces à la culture.

On ne saurait donc trop insister sur l'importance du régime des eaux; celles-ci constituent le facteur essentiel de la production végétale. Dans l'étude des ressources agricoles que présente un pays neuf, il faut s'inquiéter bien plus de déterminer les conditions météorologiques générales que d'examiner la constitution intime du sol.

Il faut envisager, en outre, la disposition topographique, qui influe sur la possibilité de la culture.

On voit par là que, si la connaissance de la composition des terres présente un certain intérêt et peut être une source de renseignements utiles, ce n'est pas exclusivement d'après cette composition qu'il faut juger de la fertilité d'un pays.

D'ailleurs, ce n'est pas seulement cette fertilité qui en fait la valeur agricole; d'autres facteurs interviennent, qu'il faut étudier pour juger de l'opportunité de la mise en exploitation : tels sont la facilité des communications, le prix de la main-d'œuvre, la salubrité du climat, etc.

L'appréciation de l'avenir que présente un pays neuf, au point de vue de l'exploitation du sol, repose donc sur des données très complexes, dont la composition des terres est une des plus importantes, mais non la seule dont il faille tenir compte.

Examinons maintenant les conditions dans lesquelles se trouve placée Madagascar à ces divers points de vue.

Aperçu général de l'île de Madagascar. — Si nous considérons l'île de Madagascar dans son ensemble, nous voyons que la partie centrale, très étendue, est constituée par un amoncellement de montagnes disposées sans ordre apparent, donnant l'impression du chaos, et séparées par des vallons le plus souvent étroits.

Sur le littoral Est, la zone maritime n'a qu'une largeur restreinte, car les pentes très abruptes disposées en gradins et qui conduisent aux plateaux partent de peu de distance de la mer; du côté Ouest, le massif montagneux est séparé de la mer par de larges plaines et par des collines médiocrement élevées formant des plateaux allongés.

La constitution géologique se résume d'une façon assez simple : la région montagneuse, qui occupe les deux tiers de l'île, comprend principalement des gneiss et des micaschistes, profondément décomposés et transformés en une argile rougeâtre qui donne à l'ensemble du massif, et en général à toute l'île, cette couleur particulière aux terrains ocreux; l'Ouest, beaucoup moins accidenté, est formé par des terrains sédimentaires qui sont assez uniformes.

Les roches volcaniques apparaissent en beaucoup de points; le massif de l'Ankaratra, celui de l'Ivohitsomby, en terrains métamorphiques; celui de la montagne d'Ambre, en terrains sédimentaires, sont les plus importants. Madagascar est d'ailleurs secoué par de fréquents tremblements de terre.

Quant au cordon littoral, il est constitué par un mélange des alluvions provenant du massif central, charriées par les cours d'eau, et par divers matériaux déposés par les eaux marines.

A l'influence de l'origine géologique, qui apporte une différenciation dans la constitution du sol, s'ajoute celle des dispositions topographiques. C'est ainsi que les mamelons du centre, desséchés par la violence des vents et ravinés par les pluies, qui en ont entraîné graduellement les parties les plus fines, sont constitués par des terres généralement pauvres et peu propres à porter la végétation.

Les fonds des vallées, au contraire, où les éléments fins s'accumulent, où les eaux séjournent plus longtemps et qui sont abrités contre les vents, sont beaucoup plus favorables à la végétation et sont choisis de préférence pour les cultures; certains de ces fonds sont formés par d'anciens lacs, où se sont accumulées des alluvions et où les débris animaux et végétaux ont donné naissance à des sols riches en humus et d'une grande fertilité. Même dans les parties centrales de l'île, ces vallées sont assez nombreuses et ont quelquefois une certaine étendue, formant de vastes plaines, telles que celles de Betsimitatatra, de Moriandro, près de Tananarive, etc.

Les localités où les terrains volcaniques affleurent sont sensiblement plus riches que ceux provenant des gneiss et des micaschistes; ils forment des îlots répartis dans les diverses formations de l'île.

Quant aux terres d'alluvions qui avoisinent la mer, elles se prêtent à des cultures qu'y favorise l'humidité.

Le climat du versant oriental est très chaud et très humide, avec des pluies abondantes et fréquentes qui atteignent jusqu'à 3 et 4 mètres de hauteur par an; le littoral de l'Ouest et du Sud-Ouest est au contraire très sec, avec des pluies rares et peu abondantes; la partie montagneuse de l'île est partagée en deux saisons, la saison chaude et pluvieuse et la saison sèche et tempérée.

Il convient d'ajouter que Madagascar est un pays sillonné par une multitude de cours d'eau; ceux du versant occidental sont des fleuves importants, dont quelques-uns forment de vastes rades à leurs embouchures; ceux de la côte Est sont principalement des rivières à régime torrentiel.

Les communications sont actuellement encore difficiles; elles le seront moins lorsque les routes qu'on construit en grand nombre seront terminées; mais les transports peuvent plus fructueusement se faire le long des rivières, dont beaucoup sont praticables aux pirogues des indigènes; ils peuvent aussi s'effectuer sur les points du littoral qui sont abordables. Le chemin de fer pojeté de Tamatave à Tananarive les étendra à une plus vaste région.

RELATIONS ENTRE LA COMPOSITION DES TERRES ET LEUR FERTILITÉ.

Composition chimique. — Les terres qui nous ont été envoyées de Madagascar ont été analysées au point de vue agricole, comme on a l'habitude de le faire dans les laboratoires français, c'est-à-dire qu'on y a déterminé quantitativement les principaux éléments dont les plantes ont besoin pour leur développement et qu'on retrouve dans leur constitution.

Ce sont : l'azote, qui existe surtout à l'état d'humus, résidu des végétations antérieures, l'acide phosphorique et la potasse. La chaux a également son importance; non seulement elle est un des principes utiles à la plante, mais encore elle modifie avantageusement la nature physique des terres et facilite les réactions chimiques qui amènent l'azote à son plus grand état d'assimilation.

Les procédés d'analyse employés ont pour point de départ les travaux de P. de Gasparin, de M. Th. Schlœsing, de M. Risler; l'un de nous les a régularisés, et, depuis, ils ont été adoptés officiellement dans les laboratoires dépendant du Ministère de l'agriculture.

L'azote a été dosé en bloc et intégralement par la chaux sodée; l'acide phosphorique total, par l'attaque à l'acide azotique et la précipitation par le molybdate d'ammoniaque; la chaux, par l'attaque à l'acide et la précipitation à l'état d'oxalate; pour la potasse, on a traité la terre pendant cinq heures par l'acide azotique bouillant, qui solubilise une partie seulement de cette base, celle qu'on peut regarder comme étant la plus assimilable; l'autre partie, engagée dans des combinaisons silicatées, et qui échappe en partie à ce mode de traitement, reste à l'état inerte.

Cette méthode laisse évidemment à désirer, car elle ne fournit pas la mesure exacte du degré d'utilisation des différents éléments; cependant, elle donne une idée assez nette des réserves que contient le sol et de son aptitude à porter des récoltes.

Il est donc utile que des terres qu'on serait disposé à mettre en culture soient étudiées ainsi au point de vue de leur teneur en principes fertilisants. D'autre part, l'établissement de champs d'essais pourra compléter, par la pratique culturale, les données plus abstraites recueillies dans le laboratoire.

Mais il ne faudrait point s'exagérer l'importance de ces dernières et surtout ne pas les regarder comme suffisantes, à elles seules, pour juger de la valeur agricole d'un terrain.

On admet, en général, d'après les observations des agronomes qui ont analysé les terres du territoire français et qui ont comparé les chiffres obtenus aux résultats culturaux, qu'on peut classer les terrains suivant leur richesse.

Pour l'azote et l'acide phosphorique, on a établi l'échelle suivante :

Terre	très riche, celle qui en renferme plus de....................	2 p. 1000.
	riche, celle qui en renferme de.........................	1 à 2
	peu riche, celle qui en renferme de....................	0.5 à 1
	très pauvre, celle qui en renferme moins de.............	0.5

Pour la potasse, on admet qu'il y en a suffisamment quand on en dose 1 pour 1000.

Certes, cette classification est bien arbitraire; elle concorde néanmoins avec la pratique culturale dans le plus grand nombre des cas, surtout lorsqu'il s'agit de la culture des céréales.

Quant à la chaux, on doit l'examiner à deux points de vue : 1° en tant qu'élément fertilisant nécessaire à la production des récoltes ; 2° en tant que modificatrice des propriétés physiques et chimiques des terres.

Au point de vue de l'alimentation des plantes, des quantités de chaux relativement faibles peuvent suffire ; elles n'ont pas besoin de dépasser sensiblement celles de la potasse et de l'acide phosphorique.

Pour les réactions chimiques du sol, il en est autrement ; il faut que la chaux intervienne en quantités plus fortes pour saturer la matière organique et pour suffire aux réactions chimiques auxquelles sa présence est indispensable.

Enfin, quand il s'agit de l'ameublissement, il en faut des quantités plus élevées encore ; c'est surtout sur les argiles qu'elle a une action utile ; elle en diminue la plasticité et l'imperméabilité et les rend aptes à acquérir les propriétés des terres arables.

Les terres acides, où des accumulations de matières végétales se sont produites, renferment un fonds de richesse qui n'entre en circulation qu'autant que le calcaire vient à saturer cette acidité.

L'analyse chimique n'indique donc que d'une façon incomplète si le sol se trouve avoir besoin d'amendements calcaires. Dans le cas où le calcaire est absent ou en proportion trop minime, on sait que son apport est utile ; mais quand il y en a une certaine quantité, voisine de la limite inférieure, ce n'est que par la pratique agricole et l'expérimentation directe qu'on peut suppléer à l'insuffisance des procédés analytiques.

Telles sont les données qui sont établies pour les terres de la France, situées sous un climat tempéré, où le régime des eaux est assez régulier.

Mais on aurait peut-être tort de trop les généraliser et de les étendre à des régions où les conditions d'existence des organismes vivants sont profondément modifiés par un milieu ambiant très différent.

A ce sujet, nous pouvons ici faire une remarque qui ne paraît pas avoir frappé les agronomes qui ont effectué des analyses de terre, remarque que nous avons eu l'occasion de vérifier maintes fois.

Il semblerait, d'après nos observations déjà anciennes, qu'à égalité de composition ou plutôt de richesse en éléments nutritifs, une terre appartenant aux régions méridionales et principalement aux régions tropicales, est plus fertile qu'une terre située dans des régions tempérées. En d'autres termes, *on ne peut pas appliquer le même coefficient de fertilité à des terrres de même composition, prises dans des situations de climats très différentes.*

Nous avons fréquemment observé que dans des pays chauds et humides, des terres très pauvres portent d'abondantes récoltes ; de pareilles terres seraient stériles sous un climat tempéré, ce qui fait penser que les influences climatériques exaltent en quelque sorte la fertilité des terrains pauvres. Nous l'avons observé pour les terres de Ceylan, du Cambodge, etc., et même du Midi de la France, que nous avons eu l'occasion d'examiner. De son côté, M. Prudhomme, dans une récente mission à Ceylan, à Java, à Sumatra et aux Indes, a fait un grand nombre d'observations qui ont confirmé notre appréciation.

A Madagascar ce fait est frappant ; nos analyses ont souvent accusé une extrême pauvreté du sol, alors que celui-ci est considéré comme fertile d'après les cultures qu'il porte, surtout dans les régions chaudes et humides, telles que celles de la côte Est.

Les plantes qui poussent dans ces conditions peuvent se comparer à des organismes qui seraient mieux doués au point de vue de leur nutrition et qui, d'une même alimentation, tireraient un meilleur profit pour leur développement.

Cette observation mérite, à notre avis, d'appeler l'attention; elle s'applique à Madagascar et nous ne devons pas adopter d'une façon absolue, pour les terres de la Grande Ile, les mêmes moyens d'appréciation que pour les terres des régions tempérées.

Cependant, il ne faut pas perdre de vue qu'une terre faiblement pourvue d'éléments nutritifs ne peut être que d'une fertilité de courte durée, à moins qu'il y ait une restitution suffisante des principes exportés. Les récoltes, en effet, épuisent le sol d'autant plus vite que les réserves qu'il contient sont plus faibles. Mais là où les alluvions se déposent régulièrement et en abondance, formant un véritable colmatage dans les parties basses, il y a un apport qui peut suffire jusqu'à un certain point à maintenir la fertilité.

De toute manière donc, la détermination de la richesse des sols est une base d'appréciation très solide.

C'est pour cette raison que nous devons faire entrer dans une juste mesure, dans l'évaluation de l'avenir agricole d'un pays, les réserves de fertilité que contient le sol.

Propriétés physiques. — Pour se rendre compte de la valeur agricole des terres, il n'y a pas seulement à considérer le taux des divers principes fertilisants qu'elles renferment, il faut aussi se préoccuper de leur état physique, qui règle leur compacité ou leur ameublissement, leur imperméabilité ou leur aptitude à laisser circuler l'eau et l'air.

Au point de vue du travail de la terre, il faut donc savoir si elles sont susceptibles d'être labourées, si l'humidité ne les transforme pas en pâte ferme qui colle aux instruments de labour, si leur dessiccation n'opère pas un durcissement qui empêche de les travailler.

Les terres argileuses ont tous ces inconvénients, outre celui de retenir l'eau à leur surface, lorsque celle-ci ne peut pas s'écouler par leur pente naturelle, et de produire ainsi des terrains non assainis. Dans de pareilles terres, les réactions chimiques ne s'opèrent pas normalement; l'air ne pouvant pas y circuler n'amène pas les phénomènes d'oxydation de la matière organique, qui sont si utiles à la nutrition végétale.

Des chaulages ou des marnages, c'est-à-dire l'apport d'éléments calcaires dans de pareils sols, les modifient ordinairement en enlevant aux éléments argileux leurs propriétés adhésives.

Au contraire, les sols sableux, contenant moins d'éléments fins et plus de particules grossières, siliceuses ou calcaires, n'offrent que peu de résistance aux instruments, s'émiettent facilement, sont perméables et se ressuient avec rapidité, se prêtent aux réactions chimiques dont la bonne terre de culture est le siège. Mais à côté de ces qualités, on peut reprocher aux terres très légères de consommer rapidement les engrais et d'être ainsi le siège de déperdition de matières fertilisantes.

Entre ces deux extrêmes, se placent les mélanges qui forment la terre arable proprement dite, où les éléments fins et colloïdaux et les éléments plus grossiers ou sableux entrent simultanément en quantités variables.

Pour apprécier les propriétés arables d'une terre, il y a donc lieu d'y déterminer, en outre des éléments fertilisants, les proportions des éléments fins et des éléments grossiers.

Les terres de Madagascar ont été examinées à ce point de vue, comme nous le verrons plus loin.

A côté des considérations déduites de l'analyse doivent se placer celles qui sont faites sur place et qui ont trait à l'aspect général du terrain, à la façon dont il se comporte vis-à-vis des eaux pluviales, à l'intensité de la végétation qui s'y développe, etc.

Souvent, les échantillons qui nous sont arrivés étaient accompagnés de ces renseignements intéressants, de même que d'une appréciation sur la fertilité, d'après l'apparence des cultures ou de la végétation spontanée.

Cependant, nous avons cru devoir interpréter nos résultats d'une façon tout à fait indépendante de ces diverses indications.

En effet, celles-ci peuvent quelquefois induire en erreur, pour diverses raisons qu'il n'est pas superflu de mettre en relief.

Il peut se faire qu'au début d'une mise en exploitation, lorsque les conditions climatériques sont favorables, une terre faiblement pourvue d'éléments fertilisants porte une belle récolte; mais plusieurs récoltes successives l'épuiseront rapidement. C'est le cas des terres vierges nouvellement défoncées, dont la fertilité ne saurait se maintenir bien longtemps si elles n'ont pas une réserve suffisante.

Il se peut aussi que la végétation soit luxuriante, car certaines espèces végétales peuvent atteindre de grandes dimensions dans des terrains très pauvres et faire croire, de prime abord, à une grande réserve de fertilité. Il est très vrai que l'indication de la végétation spontanée a une importance considérable dans l'appréciation de la valeur d'un terrain. Mais ce n'est pas seulement l'abondance de la végétation qu'il faut considérer, c'est tout autant et plus encore la nature de la végétation, c'est-à-dire les espèces qui s'y développent.

Certaines plantes, en effet, poussent plantureusement dans un sol très pauvre, mais ces plantes sont ordinairement sans valeur alimentaire, ne contenant pas les éléments azotés et phosphatés qui peuvent contribuer au développement de l'organisme animal. Elles sont principalement constituées par des tissus ligneux, dont les espèces animales les moins difficiles peuvent à peine se contenter. Au contraire, les espèces susceptibles de donner des grains pour la nourriture de l'homme et des herbes savoureuses pour celle des animaux ne poussent que dans les terres qui ont une bonne réserve de principes fertilisants et plus particulièrement de phosphates. C'est ainsi que sous nos climats tempérés, la végétation spontanée qui caractérise le mieux la fertilité comprend toujours des légumineuses et des graminées fines et aromatiques. Au contraire, les terres ingrates sont caractérisées par des espèces ligneuses, bruyères, fougères, joncs, etc., qui prennent souvent un grand développement, mais n'ont pas de valeur pour l'alimentation de l'homme et des animaux. Mais dans les pays tropicaux ce n'est pas toujours la valeur alimentaire de la plante qu'il faut considérer. Certaines ont une destination différente; telles sont les plantes à épices, comme la cannelle, qui vient dans les terrains très pauvres; les plantes à caoutchouc, etc. Ici on comprend les faibles exigences de ces végétaux, en raison de la minime quantité de principes fertilisants exportés.

Enfin, on peut trouver accidentellement une végétation luxuriante dans un endroit particulièrement privilégié sous le rapport de l'humidité, sans qu'il faille en conclure à un réel fonds de fertilité dans la région avoisinante, l'eau exaltant beaucoup le développement des plantes.

Pour apprécier ce que nous sommes convenu d'appeler la fertilité d'un terrain, on voit qu'il faut un examen assez approfondi de la nature de la végétation, et qu'un simple aperçu ne suffit pas.

Ces diverses considérations peuvent expliquer pourquoi il existe quelquefois des contradictions entre les observations faites sur les lieux et les résultats obtenus au laboratoire.

Appréciation de la fertilité. — L'analyse des échantillons étant faite d'après la méthode usuelle employée pour déterminer les éléments fertilisants, nous avons dû formuler des interprétations sur la valeur agricole de la terre.

Il ne faut pas se dissimuler que ces appréciations sont quelque peu arbitraires. Elles résultent plutôt d'une impression laissée par l'ensemble des résultats que d'une évaluation rigoureuse qu'il serait difficile, sinon impossible, de formuler.

Nous n'avons pas considéré uniquement ces terres en les comparant à celles qu'on cultive en Europe, c'est-à-dire sous un climat tempéré, où la végétation semble avoir de plus grandes exigences.

Nous avons tenu compte, dans une certaine mesure, de la différence de climats, en portant des jugements moins sévères, pour une même composition, que si nous avions envisagé les terres de nos cultures européennes.

Cette manière d'apprécier les choses est justifiée par les observations que nous avons eu l'occasion de faire et que nous avons exposées plus haut.

Cependant, nous n'avons pas hésité à désigner comme très pauvres, comme dépourvues de fonds de fertilité, etc., les terres où les principaux éléments sont en quantités par trop minimes.

Dans cette évaluation, nous avons plus tenu compte de l'acide phosphorique que de tout autre élément. Celui-ci nous semble, en effet, le plus indispensable de tous. L'azote peut être graduellement apporté par l'atmosphère; la pénurie de chaux et de potasse, qui est d'ailleurs très grande dans la plupart des terres que nous avons examinées, ne condamne pas celles-ci d'une façon aussi complète à la stérilité que le ferait l'absence d'acide phosphorique. C'est donc de la proportion de ce dernier élément qu'on a tenu le plus grand compte pour formuler une opinion sur la valeur agricole des terres et sur les ressources qu'elles peuvent offrir.

Ces idées générales étant exposées, nous passons à l'examen des échantillons de terres qui nous ont été adressés.

EXAMEN DES ÉCHANTILLONS DE TERRES
PRÉLEVÉES DANS LES DIVERSES RÉGIONS DE MADAGASCAR.

Ces échantillons, au nombre d'environ 5oo, ont été prélevés dans diverses régions de l'île, mais non suivant une distribution uniforme.

C'est ainsi que certaines parties du massif montagneux et de la côte Est ont été étudiées avec plus de détails.

Dans d'autres régions, principalement celles de l'Ouest et du Sud-Ouest, qui occupent près du tiers de la surface de l'île, le nombre des échantillons prélevés a été beaucoup plus restreint. Les terres qui y dominent ont une origine géologique différente de celle des terres rouges que nous avons surtout eu l'occasion d'examiner et leur valeur agricole est loin d'être la même.

Les échantillons ont été prélevés par les commandants de cercles et les administrateurs coloniaux, sur les prescriptions du général Galliéni, d'après les indications de M. Prudhomme, chef du service de l'Agriculture, qui a dirigé ce travail avec toute sa compétence et le zèle qu'il apporte à la recherche des moyens de développer les diverses branches de l'agriculture de la Grande Ile.

Nous adopterons, dans l'étude des échantillons de terre examinés, la classification par régions géographiques, correspondant aux divisions administratives.

La plupart des échantillons étaient accompagnés de renseignements divers que nous avons résumés et de croquis indiquant très exactement les points où chacun des prélèvements a été effectué.

La carte ci-jointe indique, autant qu'il est possible de le faire à une échelle aussi petite, les points où les échantillons de sols ont été prélevés.

Pour un petit nombre d'échantillons seulement il n'y avait pas de dossiers et ceux-ci ne nous étaient pas encore parvenus lors de la publication de cette étude. Nous n'en avons pas moins donné les résultats se rapportant à ces terres, puisqu'il sera facile d'être renseigné sur les points d'où elles proviennent.

Nous faisons précéder chacun des cercles ou provinces d'une courte notice géographique que M. le commandant Dubois, de l'état-major général du corps d'occupation, a eu l'obligeance de rédiger à notre demande et qui donne un aperçu des conditions dans lesquelles les diverses parties de l'île se trouvent placées.

M. G. Grandidier a bien voulu se charger de la correction des noms des localités.

Les régions qui ont fait l'objet de nos recherches sont les suivantes :

Imerina : Cercle de Tananarive. — Cercle d'Ankazobé. — Cercle de Miarinarivo. — Cercle de Betafo. — Cercle de Tsiafahy.

Province du Betsiléo.

Cercle d'Anjozorobé.

Cercle d'Ambatondrazaka.

Cercle de Moramanga.

Cercle des Bara.

Cercle du Betsiriry.

Cercle annexe de Mevatanana.

Province de Diégo-Suarez.

Province de Vohémar.

Province de Maroantsetrana.

Ile Sainte-Marie-de-Madagascar.

Province de Tamatave.

Province d'Andévorante.

Province de Mananjary.

Province de Faranfangana.

Cercle annexe de Fort-Dauphin.

Cercle de Tuléar.

Cercle de Maintirano.

Province de Majunga.

IMERINA.

Le troisième territoire militaire (devenu aujourd'hui province civile) comprenait, à l'époque à laquelle les échantillons ont été prélevés, le cercle de Tananarive et le cercle d'Arivonimamo.

CERCLE DE TANANARIVE.

Le cercle de Tananarive renfermait les régions les plus peuplées de l'Imerina et les plus voisines de la capitale.

C'était en quelque sorte Tananarive avec sa banlieue immédiate.

Limites. — Les limites sont :

Au Nord et au Nord-Ouest, une ligne de hauteurs partant du pic de Langana, au Nord d'Ambohimanga et finissant à l'Est de Soavinimerina, sur l'Ikopa.

A l'Ouest, le cours de l'Andromba jusqu'à hauteur d'Antsahadinta.

Au Sud-Ouest, le cours du Sisaony jusqu'à hauteur de Bongotsara.

Au Sud, une ligne conventionnelle joignant le Sisaony et l'Ikopa entre Bongotsara et Ambohimirakitra.

A l'Est et au Nord-Ouest, une ligne conventionnelle également jalonnée par plusieurs villages.

Topographie générale. — Le cercle de Tananarive appartient à la haute vallée de l'Ikopa. Il est partagé par ce fleuve en deux régions : l'une au Nord, l'autre au Sud, qui sont très nettement distinctes.

La région Nord offre un terrain légèrement ondulé, où se trouvaient des dépressions accentuées, telles que le marais de Laniherana et la magnifique plaine de Betsimitatatra, au pied même de Tananarive. On y voit quelques saillies caractéristiques, telles que le rocher que couronne la ville haute de Tananarive et le rocher d'Ambohimanga. Le cours d'eau le plus important de cette partie Nord est la Mamba, qui est endiguée sur la presque totalité de son parcours.

La région Sud du cercle est beaucoup plus accidentée ; d'ailleurs, les reliefs du sol sont fort souvent déchirés par de profondes crevasses qui s'agrandissent à chaque saison des pluies.

Les lignes de hauteur de cette région sont en général orientées Nord-Sud et séparées par des couloirs qui donnent passage à plusieurs rivières importantes : la Varahina, le Sisaony, l'Andromba.

Géologie. — Le terrain appartient presque exclusivement aux formations gneissiques.

Climat. — Le climat est très doux et rappelle celui du midi de la France. Les limites extrêmes de température sont $+$ 7°, minimum de la saison fraîche et $+$ 3o°, maximum de la saison chaude.

La saison des pluies dure de novembre à avril et la saison sèche pendant le reste de l'année.

Le pays est sain ; les Européens s'y portent bien, et leurs enfants y grandissent facilement sans être éprouvés par les maladies.

Cultures. — Les indigènes ont mis en culture une grande partie des bas-fonds ; dans certaines régions, d'assez importantes superficies peuvent encore être gagnées sur les marais ou les fonds de vallées.

Comme dans tout le plateau central, les terres rouges dominent sur les mamelons. Dans les vallées, le sol a un aspect différent rappelant celui des terres arables.

Comme la plus grande partie de l'Imerina, le cercle de Tananarive est presque entièrement dénudé. On voit cependant quelques beaux arbres aux environs de Tananarive, à Masoarivo, à Ambohimanga, à Ilafy et à Ambohidratrimo.

Les pentes des mamelons sont quelquefois couvertes d'une maigre végétation; mais, dans les fonds de vallée, abondamment arrosées pour la plupart, la végétation est beaucoup plus vigoureuse.

Les indigènes, quoique encore assez ignorants, montrent de grandes dispositions pour les travaux de culture. Ils s'instruisent très volontiers des procédés culturaux des Européens et s'efforcent de les mettre en pratique. C'est ainsi que la culture maraîchère a pris depuis l'occupation française un certain développement, non seulement dans le cercle de Tananarive, mais encore dans beaucoup de provinces de l'île.

Les principales cultures sont celles du riz, du manioc, des patates, du maïs, des haricots, des légumes d'Europe, des ananas.

Quelques caféiers plantés aux environs des villages ont donné de bons résultats dans les endroits abrités du vent d'Est et principalement dans les terres profondes et fraîches, sans être humides. Le mûrier pousse très bien aussi dans les mêmes terres.

Le pays est peu propre à l'élevage du bœuf.

Voies de communication. — Le cercle de Tananarive est desservi par de nombreuses voies de communication qui sont aujourd'hui presque toutes praticables aux voitures.

Commerce et industrie. — Le commerce est très important et se chiffre par environ 8 millions d'affaires par an.

Les industries sont encore peu développées, sauf celles de la fabrication des tissus de soie et de la dentelle, de la ferblanterie, de la fabrication du savon et des chandelles, de la poterie, de la fabrication des briques et des tuiles et de quelques autres industries moins importantes. L'outillage est encore très primitif.

Ressources naturelles. — L'une des principales ressources naturelles du pays est le minerai de fer qui est très riche et très abondant.

Par contre, le calcaire est rare et donne une chaux contenant en général une assez forte proportion de magnésie, qui la rend impropre à la confection des mortiers.

Colonisation. — La colonisation tend à se développer dans le cercle de Tananarive.

CERCLE D'ARIVONIMAMO. — *Limites.* — Au Nord et au Nord-Est, l'Ikopa; à l'Est, le cours de l'Andromba, puis une chaîne de montagnes séparant la vallée de l'Andromba de celle de la Katsaoka; au Sud, la chaîne de montagnes formant la ceinture **nord** de la vallée du Kitsamby; à l'Ouest, la Marindrano, la Kalariana et l'Onibé.

Topographie générale — Le cercle d'Arivonimamo est formé par plusieurs vallées qui sont toutes orientées sensiblement Nord-Sud. Elles sont séparées par des crêtes assez élevées et assez abruptes qui rendent difficiles les communications de l'est à l'ouest de ce cercle.

Géologie. — Le sol appartient en général à l'époque primaire; on y trouve des argiles très pures, qui pourront être employées à la fabrication des poteries fines.

D'autre part, le pays présente de très nombreuses formations volcaniques.

Enfin, on y a découvert également d'importants gisements de calcaire.

Climat. — Le climat est sensiblement le même que celui du cercle de Tananarive, c'est-à-dire d'une salubrité très satisfaisante. Les durées des saisons et les températures extrêmes sont comprises dans les mêmes limites.

Cultures. — Les cultures sont identiques à celles du cercle de Tananarive et extrêmement abondantes. Elles fournissent plus du double de ce qui est nécessaire à la consommation locale.

La culture de la pomme de terre est très répandue et réussit bien.

Le bétail est nombreux, mais comme dans le cercle de Tananarive et pour les mêmes raisons, il souffre du manque de pâturages.

Le porc et les diverses volailles s'élèvent facilement et sont une source de quelques revenus pour le pays.

Mêmes observations générales que pour le cercle de Tananarive, au sujet du choix des terrains de culture et des aptitudes des habitants.

Voies de communication. — Nombreuses routes muletières et nombreux sentiers malgaches ; quelques routes commencent à être praticables aux voitures.

Commerce et industrie. — Le commerce est très actif et les marchés y sont au nombre d'une cinquantaine et très fréquentés. Les industries sont les mêmes que dans le cercle de Tananarive. La sériciculture est tout particulièrement prospère.

En outre, un grand nombre d'indigènes de la contrée sont employés aux exploitations aurifères.

Ressources naturelles. — Gisements aurifères de l'Andromba et du Kitsamby.

Minerais de fer.

Gisements calcaires de Madera.

Colonisation. — Quelques colons ont obtenu des concessions dans le cercle d'Arivonimamo.

Voici les résultats de l'examen des échantillons de terre prélevées dans la région que nous venons de décrire :

Station agronomique de Nahanisana.

Cette station est située à une demi-heure environ au nord de Tananarive, un peu à l'est de la route d'Ambohimanga.

Elle comprend près de 15 hectares de terre, dont une partie en rizière.

Elle n'a pas été choisie, très judicieusement à notre avis, dans un sol de qualité exceptionnelle qui eût permis d'obtenir des résultats plus beaux et plus rapides que dans les conditions normales. Les indications qu'y fourniront les essais de culture seront ainsi plus conformes à la réalité des choses et plus instructifs pour les colons.

Cet établissement a pour principal but de renseigner ceux-ci sur toutes les questions relatives à l'agriculture et d'apprendre à connaître les ressources agricoles de Madagascar, en centralisant tous les renseignements agronomiques recueillis dans l'île. Il a également pour mission de rechercher les améliorations à apporter aux systèmes de culture actuellement en usage et d'introduire dans la colonie toutes les plantes pouvant intéresser à un titre quelconque le colon ou l'indigène. Enfin les méthodes d'élevage et les améliorations du bétail y sont également étudiées.

N° (15-42). Terre prise dans un verger de manguiers.

L'échantillon ne renfermait pas de cailloux.

1,000 de terre contiennent :

Azote.	0.86
Acide phosphorique.	0.30
Potasse.	0.19
Carbonate de chaux.	2.40
Magnésie.	0.32
Sesquioxyde de fer.	68.77

Cette terre très ocreuse, c'est-à-dire d'un rouge brique foncé, caractérise les terres riches en oxyde de fer; aussi contient-elle près de 7 p. 100 de ce dernier. Elle est assez friable après dessiccation.

L'humus et l'azote y sont en proportion peu élevée, pour une terre cultivée; l'acide phosphorique n'existe qu'en très faible quantité, la potasse est encore moins abondante.

La proportion de carbonate de chaux est très peu élevée et ne saurait modifier les propriétés physiques de cette terre, qui doit être classée parmi les terres se travaillant difficilement. Elle doit être regardée comme offrant peu de ressources.

N° (16–43). Champ d'expériences.

L'échantillon ne renfermait pas de cailloux.
1,000 de terre contiennent :

Azote.	0.89
Acide phosphorique.	0.35
Potasse.	0.22
Carbonate de chaux.	1.60
Magnésie.	1.87
Sesquioxyde de fer.	58.95

Cette terre est ocreuse et assez friable après dessiccation; elle ne diffère pas de la précédente au point de vue de sa composition et doit également être comprise parmi les terres peu fertiles.

N° (17–44). Terre de potager (ancienne rizière drainée et transformée en potager d'améliorations pour l'introduction et l'étude des légumes).

L'échantillon ne renfermait pas de cailloux.
1,000 de terre contiennent :

Azote.	1.80
Acide phosphorique.	0.92
Potasse.	0.32
Carbonate de chaux.	2.50
Magnésie.	0.40
Sesquioxyde de fer.	44.21

Cette terre a l'aspect d'une terre arable; elle est friable après dessiccation; elle a perdu cette couleur ocreuse qui distingue la plus grande partie des terrains de l'île. Cependant, elle appartient au même type de terre, c'est-à-dire que le fonds en est ocreux, comme on peut s'en rendre compte après calcination. Elle renferme 4.5 p. 100 d'oxyde de fer.

Mais elle est modifiée par la culture et probablement par l'apport de fumier. On y trouve, en effet, une proportion d'humus et d'azote assez élevée et une quantité sensible d'acide phosphorique.

C'est là un exemple de la transformation que ces terres ocreuses peuvent subir sous l'influence de la culture et de la fumure.

N° (18-45). Terre prise dans un champ de manioc.

L'échantillon ne renfermait pas de cailloux.
1,000 de terre contiennent :

Azote	0.85
Acide phosphorique	0.34
Potasse	0.19
Carbonate de chaux	2.10
Magnésie	1.44
Sesquioxyde de fer	61.40

Cette terre est ocreuse; elle est assez friable après dessiccation; elle a la composition des terres de cette région qui n'ont pas été améliorées, c'est-à-dire qu'elle se caractérise par une minime proportion de tous les éléments fertilisants et une grande richesse en oxyde de fer. Elle est à classer parmi les terres peu fertiles.

N° (20-47). Champ d'expériences.

L'échantillon ne renfermait pas de cailloux.
1,000 de terre contiennent :

Azote	0.81
Acide phosphorique	0.36
Potasse	0.22
Carbonate de chaux	2.60
Magnésie	0.43
Sesquioxyde de fer	68.77

Cette terre est très ocreuse; elle est dure, bien qu'un peu friable après dessiccation; les mêmes considérations s'y appliquent qu'à la terre précédente.

N° (22-49). Terre de rizière au nord du potager.

L'échantillon ne renfermait pas de cailloux.
1,000 de terre contiennent :

Azote	1.82
Acide phosphorique	0.90
Potasse	0.10
Carbonate de chaux	2.20
Sesquioxyde de fer	36.84

Cette terre a l'aspect d'une terre arable; elle est très friable après dessiccation. Nous avons encore affaire ici à la terre ocreuse primitive, mais qui a été modifiée dans son aspect et dans sa richesse en éléments fertilisants par l'apport de l'humus, dû au développement végétal qui s'est opéré sous l'influence de l'humidité du sol. Les fumures ont augmenté quelque peu l'acide phosphorique, qui s'y trouve en quantité sensible; la potasse fait presque entièrement défaut.

N° 2. Sol, verger n° 2 (ancienne plantation de manguiers).

L'échantillon renfermait pour 1,000 de terre :

Terre fine..	938.8
Cailloux..	61.2 (siliceux).

1,000 de terre contiennent :

	TERRE FINE.	TERRE BRUTE.
Azote..	0.79	0.74
Acide phosphorique....................................	0.14	0.13
Potasse..	0.08	0.07
Carbonate de chaux....................................	0.70	0.66

Cette terre, de couleur jaunâtre et foncée, renferme quelques débris végétaux; elle est très dure après dessiccation; elle est très pauvre en acide phosphorique et en potasse et peu riche en humus et en azote. Elle offre très peu de ressources à la culture.

N° 4. Sol, champ d'expériences n° 1 (anciennes cultures de manioc et de patates).

L'échantillon renfermait pour 1,000 de terre :

Terre fine..	961.3
Cailloux..	38.7 (siliceux).

1,000 de terre contiennent :

	TERRE FINE.	TERRE BRUTE.
Azote..	1.20	1.15
Acide phosphorique....................................	0.28	0.27
Potasse..	0.13	0.12
Carbonate de chaux....................................	0.20	0.19

Ce sol est d'une couleur rouge vif; il est très dur après dessiccation; il renferme quelques débris végétaux; ici nous trouvons un peu plus d'azote, dû à la production végétale; mais l'acide phosphorique et la potasse y sont très peu abondants; nous sommes encore en présence d'une terre de très faible fertilité.

N° 5. Jardin d'essai. Champ d'expériences n° 2. Sol (anciennes cultures de manioc, patates et arachides).

L'échantillon renfermait pour 1,000 de terre :

Terre fine..	927.5
Cailloux..	72.5 (siliceux).

1,000 de terre contiennent :

	TERRE FINE.	TERRE BRUTE.
Azote	0.75	0.69
Acide phospho. ique	0.28	0.26
Potasse	0.07	0.06
Carbonate de chaux	0.90	0.83

Cette terre, également ocreuse, est peu riche en humus et en azote, très pauvre en acide phosphorique et surtout en potasse. C'est une terre de très faible fertilité.

Les terres du jardin de Nahanisana sont donc de constitution fondamentale identique, mais les unes, ayant reçu moins de soins ou, étant placées dans de moins bonnes conditions, ont gardé la pauvreté originelle qui les caractérise. L'acide phosphorique, en effet, qui est le principe essentiel de la fertilité, la potasse également, y sont en très minime proportion. Une petite quantité d'azote s'y est accumulée par les débris organiques laissés par les végétations antérieures.

Dans ce même jardin, on a prélevé trois échantillons de sous-sols.

N° (19–46). Sous-sol à 1 m. 50 de profondeur, terrassement de poulailler (se présente sous forme de filons parfois très étroits).

L'échantillon ne renfermait pas de cailloux.

1,000 de terre contiennent :

Azote	0.21
Acide phosphoriqu	0.36
Potasse	0.20
Carbonate de chaux	1.80
Magnésie	0.54
Sesquioxyde de fer	63.86

C'est une terre violacée, onctueuse et micacée; elle est extrêmement friable après dessiccation. Elle ne rappelle pas l'apparence des terres ocreuses précédemment décrites, quoiqu'elle soit également très riche en oxyde de fer. Les réserves en principes nutritifs y sont faibles.

N° (21–48). Sous-sol de la partie nord-ouest du potager (ce sous-sol est tout à fait exceptionnel; il ne se rencontre qu'en un très petit nombre de points).

L'échantillon ne renfermait pas de cailloux.

1,000 de terre contiennent :

Azote	0.16
Acide phosphorique	0.37
Potasse	0.15
Carbonate de chaux	0.70
Magnésie	0.40
Sesquioxyde de fer	4.91

Cette terre présente un aspect gris cendré; elle est friable après dessiccation. Elle n'appartient pas au type des terres ferrugineuses; elle est presque entièrement privée d'éléments fertilisants.

Nº 1. Sous-sol à 1 m. 50. Jardin d'essai, grande terrasse.

L'échantillon renfermait pour 1,000 de terre :

Terre fine.. 918.6
Cailloux.. 81.4 (siliceux).

1,000 de terre contiennent :

	TERRE FINE.	TERRE BRUTE.
Azote.., ...	0.11	0.10
Acide phosphorique...........................	0.38	0.35
Potasse..	0.10	0.09
Carbonate de chaux...........................	0.80	0.73

Cette terre, d'un rouge vif, représente bien le type des terres ocreuses de la région; elle est dure après dessiccation; elle ne contient pas de matières organiques; comme les sous-sols précédents, elle est extrêmement pauvre en éléments de fertilité.

Ces trois sous-sols, très différents d'aspect, sont donc tous caractérisés par une grande pauvreté.

Secteur d'Ambohidratrimo.

Nº 177. Herbes. Sommet de collines; 1,550 mètres d'altitude; 100 hectares. Terrain uniforme dans la région, se comportant assez bien pendant les pluies.

L'échantillon renfermait pour 1,000 de terre :

Terre fine.. 850.0
Cailloux.. 150.0 (siliceux).

1,000 de terre contiennent :

	TERRE FINE.	TERRE BRUTE.
Azote...	1.15	0.98
Acide phosphorique...........................	2.13	1.81
Potasse..	1.02	0.87
Carbonate de chaux...........................	Traces.	Traces.

Cette terre, d'un jaune clair, contient sensiblement d'humus, d'azote et de potasse et une forte proportion d'acide phosphorique. Elle semble offrir un assez bon fonds de fertilité.

Secteur d'Ilafy.

Nº 3 *bis* 21; 300 mètres à l'est du temple d'Ilafy. A flanc de coteau.

L'échantillon ne renfermait pas de cailloux.

1,000 de terre contiennent :

Azote...	0.74
Acide phosphorique...........................	0.56
Potasse..	0.15
Carbonate de chaux...........................	1.20
Sesquioxyde de fer...........................	80.04

Cette terre ocreuse est dure après dessiccation; elle est assez pauvre en éléments fertilisants et n'offrirait que de faibles ressources à la culture.

Secteur d'Antsirabé.
169. N° 407. Terre blanche.

L'échantillon ne renfermait pas de cailloux.
1,000 de terre sèche contiennent :

Azote	0.06
Acide phosphorique	0.28
Potasse	0.22
Carbonate de chaux	traces.

Cette terre blanche ne contient que des traces d'humus et d'azote, et une proportion très faible d'acide phosphorique et de potasse. Elle ne présente aucune ressource pour la culture.

N° (4–31). Ambohidratrimo.
Sous-sol à 3 mètres de profondeur. Tranchée à l'intérieur du village.

L'échantillon ne renfermait pas de cailloux.
1,000 de terre contiennent :

Azote	0.44
Acide phosphorique	0.50
Potasse	3.06
Carbonate de chaux	2.70
Magnésie	0.29
Sesquioxyde de fer	34.39

Cette terre jaune clair, légèrement violacée, est très friable après dessiccation; elle est pauvre en humus, en azote et en acide phosphorique, mais très riche en potasse. C'est un sol pris dans une tranchée et qui pourrait à la rigueur être employé sur place comme amendement potassique.

N° (1–28). 600 mètres au sud-ouest d'Ambohidratrimo.
Terre rougeâtre prise à 0 m. 80 de profondeur.

L'échantillon ne renfermait pas de cailloux.
1,000 de terre contiennent :

Azote	0.29
Acide phosphorique	0.60
Potasse	0.36
Carbonate de chaux	2.20
Magnésie	0.61
Sesquioxyde de fer	34.39

Cette terre violacée est dure après dessiccation; elle est pauvre en humus, en azote et en potasse, peu riche en acide phosphorique; elle n'offre pas un grand fonds de fertilité.

N°.(2–29). 600 mètres au sud-ouest d'Ambohidratrimo.
Sous-sol du précédent, à 1 m. 50 de profondeur.

L'échantillon ne renfermait pas de cailloux.
1,000 de terre contiennent :

Azote	0.44
Acide phosphorique	0.68
Potasse	0.51
Carbonate de chaux	0.60
Magnésie	0.32
Sesquioxyde de fer	44.21

Cette terre, d'une couleur jaune, est sableuse; elle est très friable après dessiccation. C'est le sous-sol du numéro précédent; elle est peu pourvue d'éléments fertilisants.

N° (3–30). 700 mètres au sud-ouest d'Ambohidratrimo.
Terre de prairie prise à flanc de coteau.

L'échantillon ne renfermait pas de cailloux.
1,000 de terre contiennent :

Azote	0.97
Acide phosphorique	0.36
Potasse	0.51
Carbonate de chaux	3.80
Sesquioxyde de fer	56.49

Cette terre a l'aspect d'une terre arable; elle est friable après dessiccation; elle contient sensiblement d'humus et d'azote, mais elle est pauvre en acide phosphorique Elle n'offre pas de grandes ressources.

N° (5–32). Nord de Mandrarahody (entre Ambohidratrimo et Babay).
Terre de prairie prise à flanc de coteau.
L'échantillon ne renfermait pas de cailloux.

1,000 de terre contiennent :

Azote	1.40
Acide phosphorique	0.57
Potasse	0.53
Carbonate de chaux	3.50
Magnésie	0.18
Sesquioxyde de fer	63.86

Cette terre a l'aspect d'une terre arable, elle renferme quelques débris végétaux; elle est friable après dessiccation; elle est riche en humus et en azote, moins riche en acide phosphorique et en potasse; elle offre quelques ressources à la culture.

N° (6–33). A l'Est de Mandrarahody.
Terre prise dans un bas-fond, près des rizières; champ de manioc.

L'échantillon ne renfermait pas de cailloux.

1,000 de terre contiennent :

Azote	0.38
Acide phosphorique	8.03
Potasse	4.16
Carbonate de chaux	1.90
Magnésie	1.26
Sesquioxyde de fer	181.75

Cette terre est pauvre en humus et en azote, mais extrêmement riche en acide phosphorique et en potasse. Elle offre un grand fonds de fertilité qu'on peut développer par la culture.

N° (7-34). Sud-Est de Soavinimerina.
Terre végétale du jardin d'essai (bords de l'Ikopa).

L'échantillon ne renfermait pas de cailloux.
1,000 de terre contiennent :

Azote	1.02
Acide phosphorique	0.53
Potasse	0.42
Carbonate de chaux	3.10
Magnésie	0.43
Sesquioxyde de fer	51.58

Cette terre a l'aspect d'une terre arable; elle est friable après dessiccation; elle contient sensiblement d'humus et d'azote, mais moins d'acide phosphorique et de potasse. Ses réserves de fertilité ne sont pas grandes.

N° (8-35). A 500 mètres de Soavinimerina, sur la route de Babay.
Terre de rizière.

L'échantillon ne renfermait pas de cailloux.
1,000 de terre contiennent :

Azote	2.26
Acide phosphorique	1.26
Potasse	0.71
Carbonate de chaux	3.00
Magnésie	0.40
Sesquioxyde de fer	58.95

Cette terre a l'aspect d'une terre arable; elle est dure et très peu friable après dessiccation; elle est très riche en humus et en azote, et riche en acide phosphorique, avec une quantité sensible de potasse. Elle doit être regardée comme une terre de bonne fertilité.

Les huit échantillons suivants proviennent de la concession de M. Martin de Fourchambault, à environ 8 kilomètres au nord de Tananarive.

N° 359. Terrain légèrement en pente, cultivé en manioc, sol à 0 m. — 0 m. 35 de profondeur.

L'échantillon ne renfermait pas de cailloux.

1,000 de terre contiennent :

Azote..	0.74
Acide phosphorique.....................................	0.19
Potasse...	0.03
Carbonate de chaux....................................	traces.

Cette terre ocreuse est dure après dessiccation ; elle est peu riche en humus et en azote, très pauvre en acide phosphorique, extrêmement pauvre en potasse ; elle n'offre que de très faibles ressources.

N° 400. Sous-sol (o m. 35 à o m. 5o) de l'échantillon précédent.

L'échantillon ne renfermait pas de cailloux.

1,000 de terre contiennent :

Azote..	0.52
Acide phosphorique.....................................	0.19
Potasse...	0.19
Carbonate de chaux....................................	traces.

Cette terre ocreuse est dure après dessiccation ; elle est pauvre en humus et en azote ; très pauvre en acide phosphorique et en potasse ; elle n'offre que de très faibles ressources.

N° 360. Sol (o mètre à o m. 35). Terrain en pente, couvert de mauvaises graminées.

L'échantillon ne renfermait pas de cailloux.

1,000 de terre contiennent :

Azote..	0.82
Acide phosphorique.....................................	0.23
Potasse...	0.05
Carbonate de chaux....................................	traces.

Cette terre ocreuse est dure après dessiccation ; elle est peu riche en humus, en azote, en acide phosphorique, extrêmement pauvre en potasse ; elle n'offre que de très faibles ressources.

N° 403. Sous-sol (o m 35 à o m. 5o) de l'échantillon précédent.

L'échantillon ne renfermait pas de cailloux.

1,000 de terre contiennent :

Azote..	0.39
Acide phosphorique.....................................	0.20
Potasse...	0.08
Carbonate de chaux....................................	traces.

Cette terre ocreuse est dure après dessiccation ; elle est très pauvre en humus, en azote, en acide phosphorique et en potasse ; ses ressources sont extrêmement faibles.

N° 361. Sol de o mètre à o m. 4o de profondeur.
Terrain dans un bas-fond, cultivé en tabac et potager.

L'échantillon ne renfermait pas de cailloux.
1,ooo de terre contiennent :

Azote	1.29
Acide phosphorique	o.38
Potasse	o.o1
Carbonate de chaux	traces.

Cette terre a l'aspect d'une terre arable; elle est un peu friable après dessiccation; elle est assez riche en humus et azote, pauvre en acide phosphorique, extrêmement pauvre en potasse. Elle n'offre que de très faibles ressources.

N° 401. Sous-sol (o m. 4o à o m. 7o) de l'échantillon précédent.

L'échantillon ne renfermait pas de cailloux.
1,ooo de terre contiennent :

Azote	1.43
Acide phosphorique	o.42
Potasse	o.17
Carbonate de chaux	traces.

Cette terre a l'aspect d'une terre arable; elle est assez dure après dessiccation; elle est riche en humus et en azote, pauvre en acide phosphorique, très pauvre en potasse; elle n'offre que d'assez faibles ressources.

N° 362. Sol de o mètre à o m. 35. Terrain cultivé en vignes, légèrement en pente.

L'échantillon ne renfermait pas de cailloux.
1,ooo de terre contiennent :

Azote	o.73
Acide phosphorique	o.23
Potasse	o.1o
Carbonate de chaux	traces.

Cette terre a l'aspect d'une terre arable ocreuse; elle est assez dure après dessiccation; elle est peu riche en humus et en azote, très pauvre en acide phosphorique et en potasse. Elle n'offre que de très faibles ressources.

N° 402. Sous-sol (o m. 35 à o m. 5o) du précédent.

L'échantillon ne renfermait pas de cailloux.
1,ooo de terre contiennent :

Azote	o.51
Acide phosphorique	o.16
Potasse	o.12
Carbonate de chaux	traces.

Cette terre ocreuse est très dure après dessiccation ; elle est pauvre en humus et en azote, très pauvre en acide phosphorique et en potasse ; elle n'offre que des ressources extrêmement faibles.

CERCLE D'ANKAZOBÉ.

Limites. — Il est limité au Nord et au Nord-Ouest par les cercles annexes d'Andriamena et de Mevatanana ;

Au Sud et au Sud-Ouest, par le 3ᵉ territoire militaire et par le cercle de Miarinarivo.

A l'Est, par le cercle d'Anjozorobé.

Topographie générale. — Le cercle présente dans son ensemble une configuration topographique assez mouvementée, avec des parties basses et des montagnes de 1,200 à 1,500 mètres d'altitude. Il est difficile d'y démêler des lignes orographiques bien précises. Toutefois, entre les deux grands cours d'eau de la région, l'Ikopa et la Betsiboka, règne une longue crête sinueuse, de largeur variable, qui, un peu au nord d'Ankazobé, s'étale en un large plateau, le plateau de Manankazo.

L'Ikopa et la Betsiboka ont de nombreux affluents, dont les principaux sont pour l'Ikopa : la Moriandro, l'Anjomoka, l'Andranobé, le Manankazo, l'Imanga et l'Isindrano ; pour la Betsiboka : le Jabo, le Manambolo, le Roandriantoavina, l'Amparibé.

Le pays est très arrosé.

Géologie. — En très grande majorité, formations gneissiques. Minerais de fer très abondants. Argiles fines propres à la fabrication des poteries.

Climat. — Il est sensiblement le même que celui du cercle de Tananarive, mais en général un peu plus sec. Même répartition des saisons. La moyenne de la température de l'année est de 18°5 à Ankazobé. Elle est supérieure de 1 degré à celle de Tananarive.

Cultures. — Riz, maïs, manioc, patates, canne à sucre, tabac. Les légumes d'Europe réussissent bien dans les divers jardins potagers qui ont été créés.

Les cultures vivrières étant moins développées qu'aux environs de Tananarive, les troupeaux trouvent quelques pâturages pendant la saison humide.

Voies de communication. — Le cercle d'Ankazobé est traversé par la grande route carrossable de Tananarive à Majunga.

Il est desservi, en outre, par une dizaine d'autres routes carrossables et par de nombreuses routes muletières.

On peut aussi utiliser la voie fluviale sur un bief navigable de l'Ikopa et sur la rivière de la Moriandro.

Commerce et industrie. — Commerce très actif sur les divers marchés du cercle. Mêmes industries indigènes que dans le cercle de Tananarive, mais moins développées et plus primitives. Par contre, l'industrie de la confection des rabanes au moyen des fibres de rafia est particulièrement répandue.

Ressources naturelles. — Consistent surtout en minerais de fer.

Colonisation. — Un certain nombre de colons se sont installés dans le cercle d'Ankazobé.

N° (9–36). Sur le flanc nord de la colline de Babay. Terre végétale.

L'échantillon ne renfermait pas de cailloux.

1,000 de terre contiennent :

Azote	1.24
Acide phosphorique	1.00
Potasse	0.36
Carbonate de chaux	1.80
Magnésie	0.29
Sesquioxyde de fer	105.61

Cette terre ocreuse est très dure après dessiccation ; elle est assez riche en humus et en azote, sensiblement riche en acide phosphorique, avec de faibles quantités de potasse ; c'est une terre de moyenne fertilité.

N° (10–37). 500 mètres au nord de Babay.
Terre de prairie.

L'échantillon ne renfermait pas de cailloux.
1,000 de terre contiennent :

Azote	1.39
Acide phosphorique	0.70
Potasse	0.32
Carbonate de chaux	2.40
Magnésie	0.50
Sesquioxyde de fer	56.49

Cette terre a l'aspect d'une terre arable ; elle contient quelques débris organiques ; elle est très friable après dessiccation ; elle est riche en humus et en azote, peu riche en acide phosphorique et surtout en potasse ; elle doit être considérée comme offrant une certaine fertilité.

N° (13–40). 1,000 mètres à l'ouest d'Ankazobé.
Terre de prairie.

L'échantillon ne renfermait pas de cailloux.
1,000 de terre contiennent :

Azote	1.25
Acide phosphorique	0.41
Potasse	0.20
Carbonate de chaux	2.80
Magnésie	0.29
Sesquioxyde de fer	81.05

Cette terre a l'aspect d'une terre arable ; elle est dure mais assez friable après dessiccation ; elle contient sensiblement d'humus et d'azote, peu d'acide phosphorique et très peu de potasse, c'est une terre de faible ressource.

N° (12–39). 500 mètres à l'ouest d'Ankazobé.
Terre de prairie.

L'échantillon ne renfermait pas de cailloux.

1,000 de terre contiennent :

Azote	1.51
Acide phosphorique	0.86
Potasse	0.48
Carbonate de chaux	2.10
Magnésie	0.32
Sesquioxyde de fer	105.61

Cette terre ocreuse est dure et peu friable après dessiccation ; elle est riche en humus et en azote, contient sensiblement d'acide phosphorique et un peu de potasse ; elle offre quelques ressources culturales.

N° (11–38). 500 mètres nord de Fihaonana.
Terre végétale de prairie.

L'échantillon ne renfermait pas de cailloux.
1,000 de terre contiennent :

Azote	0.87
Acide phosphorique	0.79
Potasse	0.34
Carbonate de chaux	4.10
Magnésie	0.32
Sesquioxyde de fer	58.95

Cette terre a l'aspect des terres arables ; elle est très friable après dessiccation ; elle contient sensiblement d'humus, d'azote et d'acide phosphorique, mais peu de potasse. Elle n'offre pas de très grandes ressources.

N° (1–1). Village des Ambohimena.
Point situé sur le sommet, à 1,600 mètres d'altitude. Terre rouge. Terrain inculte. Couvert d'herbes seulement pendant la saison des pluies.

L'échantillon ne renfermait pas de cailloux.
1,000 de terre contiennent :

Azote	1.06
Acide phosphorique	0.65
Potasse	0.10
Carbonate de chaux	2.50
Magnésie	0.32
Sesquioxyde de fer	132.63

Cette terre est ocreuse ; elle est extrêmement riche en oxyde de fer ; elle est dure après dessiccation, mais un peu friable. Elle contient sensiblement d'humus et d'azote provenant de débris végétaux, peu d'acide phosphorique et surtout de potasse. C'est une terre de faible fertilité.

N° (2–2). Poste d'Ambohitromby.
Échantillon pris dans la vallée à 200 mètres au nord du poste. Sol couvert de végétation spontanée, mais non cultivé.

L'échantillon ne renfermait pas de cailloux.
1,000 de terre contiennent :

Azote	0.84
Acide phosphorique	0.04
Potasse	0.08
Carbonate de chaux	3.40
Magnésie	0.29
Sesquioxyde de fer	44.21

Cette terre est jaunâtre ; par la dessiccation, elle est assez friable ; elle est exceptionnellement pauvre ; l'acide phosphorique et la potasse manquent presque totalement ; l'humus et l'azote provenant de débris végétaux s'y trouvent en petite proportion. Elle n'offre pas une réserve suffisante pour être mise en culture.

Nº (3–3). Poste de Manazary.
Terre prise à flanc de coteau, au Sud-Ouest (ou S. S. E.) de l'éperon sur lequel le village est assis ; mais à cet endroit la pente est insensible. Altitude assez élevée ; c'est celle des sources de l'Andranokely. Non cultivé, mais aux alentours le sol est couvert de mûriers, caféiers, aloès, etc... Étendue approximative : 30 kilomètres carrés.

L'échantillon ne renfermait pas de cailloux.
1,000 de terre contiennent :

Azote	1.36
Acide phosphorique	1.45
Potasse	0.19
Carbonate de chaux	3.10
Magnésie	0.25
Sesquioxyde de fer	51.58

Cette terre est assez friable après dessiccation ; elle est riche en humus, en azote et en acide phosphorique, ce qui tient probablement à la proximité du village, dont les détritus s'y sont accumulés et qui l'ont transformée en terre arable.

Nº (4–4). Poste d'Ambohitromby.
Terre rouge prise à 900 mètres à l'ouest du poste dans la vallée. Le sol est couvert de végétation spontanée ; quelques parties sont cultivées en manioc et patates.

L'échantillon ne renfermait pas de cailloux.
1,000 de terre contiennent :

Azote	0.96
Acide phosphorique	0.50
Potasse	0.20
Carbonate de chaux	3.50
Magnésie	0.22
Sesquioxyde de fer	93.33

Cette terre, d'un rouge vif, est sensiblement riche en humus et en azote, pauvre en acide phosphorique et surtout en potasse. Elle offre peu de ressources à la culture.

N° (5–5). Poste de Sambaina.

Échantillon pris à flanc de coteau, sur l'emplacement du poste, à environ 3o mètres au-dessus du niveau de la vallée. Le sol est couvert de végétation spontanée (herbes et arbustes), mais non cultivé. Pendant la sécheresse, le sol se crevasse en beaucoup d'endroits. Tous les terrains mouvementés du territoire de Sambaina sont, à de rares exceptions près, composés de cette terre.

L'échantillon ne renfermait pas de cailloux.

1,000 de terre contiennent :

Azote	1.80
Acide phosphorique	0.64
Potasse	0.20
Carbonate de chaux	3.40
Magnésie	0.25
Sesquioxyde de fer	93.33

Cette terre, également très ocreuse, est riche en humus et en azote, peu riche en acide phosphorique et encore moins en potasse. Elle doit être regardée comme offrant une faible réserve de fertilité.

N° (6–6). Poste de Sambaina.

Terre prise dans une vallée à 8oo mètres au nord du poste, à quelques mètres au-dessous du niveau du poste. Le sol est couvert d'une végétation spontanée. On y cultive dans beaucoup d'endroits le caféier, les patates, le manioc et plus bas encore le riz. Les dernières pentes des collines et les vallées dans toute l'étendue de Sambaina se composent de cette terre. Ce terrain est considéré comme très fertile pendant la sécheresse ; il reste humide à une profondeur de 1o à 12 centimètres. L'eau est très abondante.

L'échantillon ne renfermait pas de cailloux.

1,000 de terre contiennent :

Azote	3.42
Acide phosphorique	0.38
Potasse	0.73
Carbonate de chaux	3.6o
Magnésie	0.14
Sesquioxyde de fer	36.84

Cette terre est presque noire ; elle est très friable après dessiccation ; elle renferme une assez grande quantité de débris organiques : aussi est-elle d'une grande richesse en humus et en azote. Mais la faible proportion d'acide phosphorique qu'elle renferme l'empêche d'être classée parmi les terres fertiles ; par contre, il y a une certaine proportion de potasse.

Nous sommes ici dans le cas des terres de vallées, qui gardent de l'humidité et dans lesquelles certains végétaux acquièrent un grand développement et modifient par leur résidu l'aspect du sol.

Mais le fonds de la terre est encore le même que celui des précédentes, c'est-à-dire qu'elle est constituée comme celles-ci par des particules ocreuses, mais que les résidus ont transformées en une sorte de terreau.

Nᵒ (7-7). Poste d'Amboanjo.

Terre prise à flanc de coteau à 5oo mètres à l'ouest du poste, à 4o mètres environ au-dessus du niveau de l'Ikopa. Le sol est couvert d'une végétation sontanée (*androrango*), mais non cultivé, faute d'habitants. Entre l'Angavo, les Ambohimena et l'Ikopa, il existe une série de mamelons qui tous se composent du même terrain que l'échantillon.

L'étendue approximative de ce terrain serait de 12,000 hectares. Entre les différents mamelons coulent de petits ruisseaux se jetant dans l'Antrobo, affluent de l'Ikopa. Malgré le sécheresse, les terres conservent une fraîcheur relative. Les environs d'Amboanjo, bâti sur un terrain de même nature, sont recouverts de plants de tabac.

L'échantillon ne renfermait pas de cailloux.

1,000 de terre contiennent :

Azote	o.69
Acide phosphorique	o.27
Potasse	o.12
Carbonate de chaux	3.8o
Magnésie	o.18
Sesquioxyde de fer	93.33

Cette terre de couleur ocreuse d'un rouge vif représente le type commun de la région ; elle est peu riche en humus et en azote, très pauvre en acide phosphorique et surtout en potasse ; elle ne possède aucun fonds de fertilité.

Nᵒ (8-8). Poste d'Amboanjo.

Terre prise dans un bas-fond, à 1 kilomètre à l'ouest du poste, à environ 3o mètres au-dessus du niveau de l'Ikopa. Le sol est recouvert d'une végétation spontanée (arbres, arbrisseaux, gazon très vert), mais non cultivé, faute d'habitants. Étendue du terrain semblable à l'échantillon, environ 2,000 hectares.

Les terrains de bas-fonds sont inondés pendant la saison des pluies sur la majeure partie.

La terre présente l'aspect d'une sorte de tourbe, formée de détritus d'arbres, de branches mortes.

C'est dans ce terrain que les indigènes sèment leur riz. L'endroit où a été pris l'échantillon est arrosé d'un tout petit cours d'eau.

L'échantillon ne renfermait pas de cailloux.

1,000 de terre contiennent :

Azote	3.52
Acide phosphorique	1.1o
Potasse	2.16
Carbonate de chaux	2.3o
Magnésie	o.69
Sesquioxyde de fer	68.77

Cette terre a l'aspect d'une terre arable ; elle est assez friable après dessiccation ; sa couleur foncée dénote la présence de l'humus ; elle a été prise dans un bas-fond, où se sont accumulés des principes fertilisants. Elle est très riche en azote et en potasse et assez riche en acide phosphorique. Elle a un grand fonds de fertilité.

N° 52. Nord de Soavimanjaka (S. O. d'Ankazobé).

· Culture de patates. Flanc de coteau. Altitude 1,050 mètres, 2 hectares. Sol assez fertile, uniforme pour toute la région.

L'échantillon renfermait pour 1,000 de terre :

Terre fine..	956.3
Cailloux	43.7 (siliceux).

1,000 de terre contiennent :

	TERRE FINE.	TERRE BRUTE.
Azote....................................	0.82	0.78
Acide phosphorique......................	0.66	0.63
Potasse	0.16	0.15
Carbonate de chaux......................	1.40	1.34

Cette terre ocreuse est dure après dessiccation ; elle renferme une quantité sensible d'humus et d'azote, moins d'acide phosphorique et très peu de potasse. Elle n'offre pas beaucoup de ressources de fertilité.

N° 53. Manazary (S. E. Ankazobé).

Herbes. Sommet de colline. Altitude, 1,200 mètres. Toute la région est formée du même terrain. Fertilité nulle.

L'échantillon renfermait pour 1,000 de terre :

Terre fine..	961.7
Cailloux	38.3 (siliceux).

1,000 de terre contiennent :

	TERRE FINE.	TERRE BRUTE.
Azote....................................	0.96	0.92
Acide phosphorique......................	0.17	0.16
Potasse	0.71	0.68
Carbonate de chaux......................	1.00	0.96

Cette terre ocreuse est dure après dessiccation ; elle contient sensiblement un peu d'humus et d'azote, ainsi que de potasse, mais elle est très pauvre en acide phosphorique. Elle n'offre, de ce fait, que de faibles ressources de fertilité.

N° 54. Sambaina (S. Ankazobé).

Herbes. Flanc de coteau. Col. Altitude, 1,135 mètres.

L'échantillon renfermait pour 1,000 de terre :

Terre fine..	937.5
Cailloux	62.5 (siliceux).

1,000 de terre contiennent :

	TERRE FINE.	TERRE BRUTE.
Azote....................................	1.46	1.37
Acide phosphorique......................	0.77	0.72
Potasse	0.76	0.71
Carbonate de chaux......................	0.90	0.84

Cette terre ocreuse est très dure après dessiccation ; elle contient sensiblement d'humus et d'azote, de même que d'acide phosphorique et de potasse. Elle est susceptible d'une fertilité moyenne.

N° 115. Ankazobé (Nord).
Herbes touffues. Alluvions fluviales. Flanc de coteau. Altitude 1,110 mètres. Terrain uniforme pour la région.

L'échantillon renfermait pour 1,000 de terre :

Terre fine	915.0
Cailloux	85.0 (siliceux).

1,000 de terre contiennent :

	TERRE FINE.	TERRE BRUTE.
Azote	0.27	0.25
Acide phosphorique	0.32	0.29
Potasse	0.06	0.06
Carbonate de chaux	0.60	0.55

Cette terre est de couleur ocreuse ; elle est très dure après dessiccation ; elle est très faiblement pourvue de tous les principes fertilisants. Comme elle est constituée par des alluvions fluviales, il est probable qu'elle se maintient humide, et que, par suite, malgré sa pauvreté, quelques espèces herbacées peuvent s'y développer.

N° 116. Ambobitandriana.
Herbes. Altitude, 1,132 mètres. La région se compose en grande partie du même terrain. Flanc de coteau.

L'échantillon renfermait pour 1,000 de terre :

Terre fine	937.0
Cailloux	63.0 (siliceux).

1,000 de terre contiennent :

	TERRE FINE.	TERRE BRUTE.
Azote	1.52	1.42
Acide phosphorique	0.46	0.43
Potasse	0.22	0.21
Carbonate de soude	0.80	0.75

Cette terre, d'un aspect grisâtre, contenant quelques débris végétaux, est dure après dessiccation ; elle contient des proportions appréciables d'humus et d'azote, peu d'acide phosphorique et surtout de potasse. Elle n'offre que peu de ressources.

N° 117. Ampasanitambanivo.
Herbes. Altitude 1,150 mètres. Terrain uniforme pour la région. Flanc de coteau. Région d'Antanetibé. Nord-est Ankazobé.

MM. Müntz et Rousseaux.   3

L'échantillon renfermait pour 1,000 de terre :

Terre fine.. 962.0
Cailloux .... 38.0 (siliceux).

1,000 de terre contiennent :

	TERRE FINE.	TERRE BRUTE.
Azote....................................	0.66	0.63
Acide phosphorique.......................	0.62	0.60
Potasse..................................	0.06	0.06
Carbonate de chaux.......................	0.60	0.58

Cette terre renferme quelques débris végétaux; elle est dure après dessiccation; elle est peu riche en azote et en acide phosphorique, et manque de potasse. Elle ne présente que de faibles ressources.

N° 118. Andrambotany.

Végétation spontanée, arbustes, brousse. Ferrugineuse. Terrain uniforme pour la région. Fertilité moyenne. Très humide pendant les pluies. Résiste aux pluies torrentielles et les absorbe facilement. Flanc de coteau. Échantillon formé de six prises en différents points autour du poste. Entre les deux points extrêmes, il y a 12 kilomètres.

L'échantillon renfermait pour 1,000 de terre :

Terre fine.. 970.0
Cailloux... 30.0 (siliceux).

1,000 de terre contiennent :

	TERRE FINE.	TERRE BRUTE.
Azote....................................	1.26	1.22
Acide phosphorique.......................	0.17	0.16
Potasse..................................	0.12	0.12
Carbonate de chaux.......................	0.40	0.39

Cette terre, de couleur gris jaunâtre, est dure après dessiccation; elle contient des quantités sensibles d'humus et d'azote, mais elle est presque entièrement dépourvue d'acide phosphorique et de potasse; elle n'offre qu'un faible fonds de fertilité.

N° 119. Ambatoharana.

Manioc. Terres d'alluvions. Vallée. 1,110 mètres d'altitude. Terrain uniforme fertile.

L'échantillon renfermait pour 1,000 de terre :

Terre fine.. 903.0
Cailloux... 97.0 (siliceux).

1,000 de terre contiennent :

	TERRE FINE.	TERRE BRUTE.
Azote....................................	1.58	1.43
Acide phosphorique.......................	0.57	0.51
Potasse	0.27	0.24
Carbonate de chaux.......................	0.70	0.63

Cette terre, de couleur ocreuse assez foncée, renferme quelques débris végétaux; elle est assez dure après dessiccation. Elle est riche en humus et en azote, peu riche en acide phosphorique et encore moins en potasse; elle n'offre pas une grande réserve de fertilité.

N° 120. Ambohitromby (sud d'Ankazobé).
Cultures maraîchères. Terre noire. Sommet de colline, 1,200 mètres d'altitude.

Toute la région n'est pas de même terrain; assez fertile.
L'échantillon renfermait pour 1,000 de terre :

    Terre fine.. 930.0
    Cailloux .... 70.0 siliceux [1].

1,000 de terre contiennent :

	TERRE FINE.	TERRE BRUTE.
Azote..	1.73	1.61
Acide phosphorique....................	0.34	0.32
Potasse.....................................	0.08	0.07
Carbonate de chaux...................	0.60	0.56

Cette terre est assez dure après dessiccation, elle est riche en humus et en azote, mais pauvre en acide phosphorique et surtout en potasse, dont elle est presque dépourvue. Ses ressources ne sont pas grandes.

Secteur d'Ankazobé. N° 131.
Échantillon n° 9. Ambohitsakalava, près Manankasina.
Herbes. Vallée, 1,076 mètres d'altitude. Région très étendue au nord-ouest d'Ankazobé.

L'échantillon renfermait pour 1,000 de terre :

    Terre fine.. 865.0
    Cailloux .... 135.0 (siliceux.)

1,000 de terre contiennent :

	TERRE FINE.	TERRE BRUTE.
Azote..	0.86	0.74
Acide phosphorique....................	0.31	0.27
Potasse.....................................	0.08	0.07
Carbonate de chaux...................	0.50	0.43

Cette terre est assez friable après dessiccation; elle contient sensiblement d'azote, peu d'acide phosphorique et très peu de potasse; elle offre peu de ressources.

Secteur de Manankasina.
N° (3–1).
Sol à 1 kilomètre nord-ouest du Manankasina, sur une large crête à environ

[1] Débris organiques.

1,34o mètres d'altitude. Le sol est recouvert d'une végétation spontanée; il y a quelques champs de manioc. La région se compose du même terrain sur une vingtaine de kilomètres carrés, sur lesquels il n'y a d'exception que pour les bas-fonds.

Le sol est peu perméable et pendant la saison sèche devient particulièrement dur.

L'échantillon ne renfermait pas de cailloux.

1,000 de terre contiennent :

Azote	1.25
Acide phosphorique	0.28
Potasse	0.20
Carbonate de chaux	1.20
Sesquioxyde de fer	49.76

Cette terre a l'aspect d'une terre arable; elle est dure après dessiccation; elle contient une quantité appréciable d'humus et d'azote; mais l'acide phosphorique et la potasse y sont en très faible quantité, et, par suite, sa fertilité peut être considérée comme très faible.

N° (3–2). Sol. Versant nord-ouest du mont Sarodivotra à flanc de coteau, à environ 1,45o mètres d'altitude.

Le sol, non cultivé, est recouvert d'une herbe très courte. Terrain très mouvementé. Le terrain analogue à l'échantillon occupe environ 10 kilomètres carrés au nord d'une chaîne de montagnes. Le sol est très peu cultivable.

L'échantillon ne renfermait pas de cailloux.

1,000 de terre contiennent :

Azote	0.98
Acide phosphorique	0.38
Potasse	0.20
Carbonate de chaux	1.00
Sesquioxyde de fer	56.25

Cette terre a l'aspect d'une terre arable ocreuse; elle est dure, bien qu'assez friable après dessiccation; elle est sensiblement riche en humus et en azote, pauvre en acide phosphorique et surtout en potasse. Elle n'offre qu'un faible fonds de fertilité.

N° (3–3). Sol. Au sud-est de Mandihizana.

Dans une vallée à environ 1,200 mètres d'altitude. Le sol est recouvert de hautes herbes. Il y a plusieurs champs de manioc. La région se compose du même terrain, qui occupe environ 15 kilomètres carrés en plaine. Le sol est très dur pendant toute la saison sèche.

L'échantillon ne renfermait pas de cailloux.

1,000 de terre contiennent :

Azote	0.99
Acide phosphorique	0.30
Potasse	0.24
Carbonate de chaux	1.00
Sesquioxyde de fer	51.92

Cette terre ocreuse est dure après dessiccation ; elle contient sensiblement d'humus et d'azote, mais très peu des autres éléments fertilisants. On doit la considéder comme n'ayant qu'un faible fonds de fertilité.

Nº (3–4). Sol au nord-est de Soavinimerina.

Dans une vallée à environ 1,150 mètres d'altitude. Le sol est recouvert de végétation spontanée, mais non cultivé. Sur 200 hectares au nord-est de Soavinimerina, la région se compose du même terrain. Le sol est très dur pendant la saison sèche.

L'échantillon ne renfermait pas de cailloux.

1,000 de terre contiennent :

Azote	1.09
Acide phosphorique	0.36
Potasse	0.24
Carbonate de chaux	0.80
Sesquioxyde de fer	45.43

Cette terre a l'aspect d'une terre arable ; elle est dure après dessiccation ; elle contient sensiblement d'humus et d'azote, mais très peu des autres éléments fertilisants ; on doit la considérer comme n'ayant qu'un faible fonds de fertilité.

Nº (3–5). Sol sud-est d'Ampasika.

Dans une vallée, à environ 1,200 mètres d'altitude. Le sol est recouvert d'une végétation spontanée ; il y a quelques champs de manioc et de patates. La région est formée du même terrain sur une étendue de 50 kilomètres carrés au nord du marché d'Alakamisy. Le sol est très dur pendant toute la saison sèche.

L'échantillon ne renfermait pas de cailloux.

1,000 de terre contiennent :

Azote	1.17
Acide phosphorique	0.23
Potasse	0.15
Carbonate de chaux	1.20
Sesquioxyde de fer	54.08

Cette terre a l'aspect d'une terre arable ; elle est peu friable après dessiccation ; elle contient sensiblement d'humus et d'azote, mais très peu des autres éléments fertilisants. Elle n'offre aucun fonds de fertilité.

Nº (3–6). Couche sous-jacente prise à 10 mètres du sol, à l'est de Mamiomby.

A flanc de coteau, à environ 1,550 mètres d'altitude. Le sol est recouvert d'une végétation spontanée, mais non cultivé. L'échantillon représente 400 hectares à l'Est et au pied des monts Andringitra. Ce terrain est considéré comme devant être fertile, mais le sol superficiel est très dur pendant la saison sèche.

L'échantillon ne renfermait pas de cailloux.

1,000 de terre contiennent :

Azote	0.69
Acide phosphorique	0.26
Potasse	0.27
Carbonate de chaux	1.00
Sesquioxyde de fer	54.08

Cette terre, légèrement ocreuse, est peu friable après dessiccation ; elle contient un peu d'azote, mais très peu des autres éléments fertilisants. On doit la considérer comme n'offrant aucun fonds de fertilité.

N° (3–7). Sol, au nord d'Imerinavaratra.

A flanc de coteau, à environ 1,350 mètres d'altitude. Végétation spontanée très faible, formée de très petites herbes. La région est formée du même terrain à quelques différences près, sur 15 hectares au nord d'Imerinavaratra.

Le sol est très pâteux pendant la saison des pluies et devient dur pendant la saison sèche.

L'échantillon ne renfermait pas de cailloux.

1,000 de terre contiennent :

Azote	0.55
Acide phosphorique	0.42
Potasse	0.48
Carbonate de chaux	0.80
Sesquioxyde de fer	54.08

Cette terre ocreuse est dure après dessiccation ; elle contient peu d'humus et d'azote ; elle est un peu mieux pourvue d'acide phosphorique et de potasse que les précédentes et pourrait s'améliorer par la culture, sans cependant offrir de grandes ressources.

N° (3–8). Sol au nord d'Antsahafilo.

Dans une vallée, à environ 1,300 mètres d'altitude. Le sol est couvert de végétation spontanée ; il y a des champs de manioc, de patates en assez grande quantité. Le terrain est à peu près homogène sur une étendue de 20 hectares au nord d'Antsahafilo ; il est dur pendant toute la saison sèche.

L'échantillon ne renfermait pas de cailloux.

1,000 de terre contiennent :

Azote	0.65
Acide phosphorique	0.13
Potasse	0.27
Carbonate de chaux	1.00
Sesquioxyde de fer	51.92

Cette terre a l'aspect d'une terre arable légèrement ocreuse ; elle reste assez friable après dessiccation. Elle contient un peu d'azote, mais très peu des autres éléments fertilisants. Elle n'offre aucun fonds de fertilité.

N° (3–9). Sol, au sud d'Ambohimantinana.

A flanc de coteau, à environ 1,250 mètres d'altitude, couvert de végétation spontanée, mais non cultivé.

La région est formée du même terrain sur une étendue d'à peu près 100 hectares au sud du village. Le sol est considéré comme fertile, mais il est dur pendant la saison sèche.

L'échantillon ne renfermait pas de cailloux.

1,000 de terre contiennent :

Azote	1.12
Acide phosphorique	0.42
Potasse	1.46
Carbonate de chaux	1.40
Sesquioxyde de fer	77.88

Cette terre ocreuse est dure après dessiccation ; elle contient sensiblement d'humus et d'azote ; peu d'acide phosphorique, mais notablement de potasse ; elle offre un certain fonds de fertilité.

N° (3–10). Sol, au sud-ouest d'Ambato.

Au fond d'une vallée à environ 1,300 mètres d'altitude. Il est couvert de très hautes herbes, mais non cultivé. La région se compose du même terrain, sur 150 hectares au sud-ouest d'Ambato. Terrain dur en toutes saisons.

L'échantillon ne renfermait pas de cailloux.

1,000 de terre contiennent :

Azote	1.14
Acide phosphorique	0.41
Potasse	0.20
Carbonate de chaux	1.40
Sesquioxyde de fer	75.72

Cette terre ocreuse est dure après dessiccation ; elle contient sensiblement d'humus et d'azote, peu d'acide phosphorique et encore moins de potasse ; elle offre un faible fonds de fertilité.

Secteur de Valalafotsy.

N° 43. Antoninombohitra.

Brousse. Crevasse près de Mananona. 875 hectares. Toute la région n'est pas formée du même terrain.

L'échantillon renfermait pour 1,000 de terre :

Terre fine	956,3
Cailloux	43.7 (siliceux).

1,000 de terre contiennent :

	TERRE FINE.	TERRE BRUTE.
Azote	0.29	0.28
Acide phosphorique	0.12	0.11
Potasse	2.23	2.13
Carbonate de chaux	0.90	0.86

Cette terre, de couleur violette et micacée, est friable après dessiccation ; elle ne contient en proportion notable que de la potasse comme élément fertilisant ; elle semble peu propre à être cultivée.

Nº 44. Soarano. Sud-ouest Ankazobé (Est du village).

Culture manioc. Bords de la rivière de Kitrahy. 1,000 kilomètres carrés. Toute la région n'est pas homogène.

L'échantillon renfermait pour 1,000 de terre :

Terre fine..	865.0
Cailloux	135.0 (siliceux).

1,000 de terre contiennent :

	TERRE FINE.	TERRE BRUTE.
Azote...	2.60	2.25
Acide phosphorique..................................	0.85	0.73
Potasse	0.46	0.40
Carbonate de chaux................................	0.80	0.69

Cette terre a l'aspect d'une terre arable foncée ; elle est assez friable après dessiccation ; elle est très riche en humus et en azote, sensiblement riche en acide phosphorique, moins riche en potasse. C'est une terre cultivée, probablement enrichie par la culture et la proximité du village. Elle offre des conditions moyennes de fertilité.

Nº 45. Marambitsy.

Brousse. — Crevasse près d'Amparaky. 5,000 kilomètres carrés. — Toute la région n'est pas homogène.

L'échantillon ne renfermait pas de cailloux.
1,000 de terre contiennent :

Azote...	0.06
Acide phosphorique....................................	2.51
Potasse...	0.42
Carbonate de chaux.....................................	1.10

Cette terre d'un jaune vif est friable après dessiccation ; elle ne contient pas d'humus et, par suite, pas d'azote ; mais elle est très riche en acide phosphorique et renferme une petite proportion de potasse. Elle présente de l'intérêt en raison de la proportion élevée d'acide phosphorique qu'elle contient et s'améliorerait par la culture.

Nº 46. Ambalabé (sud-est de Fenoarivo).

Culture manioc. Vallée de la Masiaka. 700 kilomètres carrés. Toute la région n'est pas homogène. Sol fertile.

L'échantillon renfermait pour 1,000 de terre :

Terre fine..	918.8
Cailloux	81.2 (siliceux).

1,000 de terre contiennent :

	TERRE FINE.	TERRE BRUTE.
Azote...	2.06	1.89
Acide phosphorique..................................	1.07	0.98
Potasse..	0.17	0.16
Carbonate de chaux................................	1.30	1.19

Cette terre, presque noire, est assez friable après dessiccation ; elle est riche en humus et en azote, assez riche en acide phosphorique, très pauvre en potasse. Elle est susceptible de quelque fertilité.

N° 47. Komakoma.
Brousse. Crevasse près de Tsitondroina. 875 kilomètres carrés. Toute la région n'est pas homogène.

L'échantillon renfermait pour 1,000 de terre :

Terre fine. 950.0
Cailloux. . . . . 50.0 (siliceux).

1,000 de terre contiennent :

	TERRE FINE.	TERRE BRUTE.
Azote.	0.33	0.31
Acide phosphorique.	2.20	2.09
Potasse.	2.42	2.30
Carbonate de chaux.	1.10	1.04

Cette terre d'un blanc grisâtre est dure après dessiccation. Elle est pauvre en humus et en azote, mais très riche en acide phosphorique et en potasse ; elle serait susceptible de s'améliorer sous l'influence de la culture et des arrosages.

N° 48. Ambalabé.
Culture manioc. Vallée d'Andraintsintsina. 700 kilomètres carrés. Toute la région n'est pas homogène.

L'échantillon renfermait pour 1,000 de terre :

Terre fine. 973.8
Cailloux . . . . 26.2 (siliceux).

1,000 de terre contiennent :

	TERRE FINE.	TERRE BRUTE.
Azote.	1.93	1.88
Acide phosphorique.	1.73	1.68
Potasse.	0.02	0.02
Carbonate de chaux	4.10	3.99

Cette terre ocreuse très foncée est dure après dessiccation ; elle est très riche en humus et en azote, de même qu'en acide phosphorique, mais entièrement dépourvue de potasse. L'absence presque complète de ce dernier élément la place dans des conditions inférieures au point de vue cultural.

Secteur de Vohilena.
N° 49. Vohilena. 1 kilom. 1/2 au nord du poste.
Hautes herbes Flanc de coteau. 1,350 mètres d'altitude. Tout le secteur est composé de la même terre. A la suite des pluies, il se forme sur les hauteurs de grandes crevasses atteignant jusqu'à 80 mètres de profondeur et allant du sommet aux vallées.

L'échantillon renfermait pour 1,000 de terre :

Terre fine. 946.3
Cailloux . . . . 53.7 (siliceux).

1,000 de terre contiennent :

	TERRE FINE.	TERRE BRUTE.
Azote.	0.52	0.49
Acide phosphorique.	0.47	0.44
Potasse	0.13	0.12
Carbonate de chaux.	0.70	0.66

Cette terre ocreuse est dure après dessiccation ; elle est pauvre en humus, en azote et en acide phosphorique, très pauvre en potasse ; elle ne présente que de faibles ressources.

N° 50. Vohilena (nord-est du poste).

Rizières. Vallées. 1,350 mètres d'altitude. Rizière de 1/2 hectare. Terre fertile. Toutes les rizières de la région ont à peu près la même terre. Pendant les pluies, le sol absorbe l'eau jusqu'à o m. 50 de profondeur.

L'échantillon ne renfermait pas de cailloux.
1,000 de terre contiennent :

Azote 3.95
Acide phosphorique. 1.49
Potasse. 2.91
Carbonate de chaux. 10.70

Cette terre est très humifère ; elle est assez friable après dessiccation ; elle est très riche en humus, en azote et en potasse ; riche en acide phosphorique et contient plus de 1 p. 100 de carbonate de chaux. C'est une terre très fertile, améliorée par la suite des cultures et l'apport des fumures.

N° 51. Ankazobé.

Terre blanche existant dans toutes les crevasses de la région en couches de 2 à 6 mètres d'épaisseur, à 5 mètres en moyenne au-dessous du niveau du sol.

L'échantillon ne renfermait pas de cailloux.
1,000 de terre contiennent :

Azote. 0.13
Acide phosphorique. 0.09
Potasse 1.69
Carbonate de chaux. 3.90

Cette terre, d'un blanc sale, est friable après dessiccation. Elle se fait remarquer par une absence presque complète d'acide phosphorique et d'azote ; mais elle est riche en potasse. Elle paraît impropre à la culture.

N° (14–41). 500 mètres sud de Fihaonana. Terre de prairie.

L'échantillon ne renfermait pas de cailloux.

1,000 de terre contiennent :

Azote.	1.19
Acide phosphorique.	0.94
Potasse.	0.24
Carbonate de chaux.	0.90
Magnésie.	0.25
Sesquioxyde de fer.	85.96

Cette terre ocreuse est friable après dessiccation; elle est assez riche en humus et en azote, sensiblement riche en acide phosphorique, très pauvre en potasse. Elle ne possède pas de grandes ressources pour la culture.

N° 121. Komakoma, près d'Ambohimiandro.

Brousse prise sur la montagne. 875 kilomètres carrés. Toute la région n'est pas du même terrain.

L'échantillon renfermait pour 1,000 de terre :

Terre fine.	994.0
Cailloux.	6.0 (siliceux).

1,000 de terre contiennent :

	TERRE FINE.	TERRE BRUTE.
Azote.	0.05	0.05
Acide phosphorique.	4.26	4.23
Potasse.	0.08	0.08
Carbonate de chaux.	0.40	0.40

Cette terre, d'une couleur d'ocre jaunâtre, est très dure après dessiccation; elle ne contient ni azote, ni potasse, mais une quantité exceptionnellement élevée d'acide phosphorique; c'est une terre tout à fait exceptionnelle, dont la fertilité est difficile à apprécier.

N° 122. Komakoma.

Brousse. Vallée. 875 kilomètres carrés. Peu désagrégée par les pluies. Toute la région n'est pas de même terrain.

L'échantillon renfermait pour 1,000 de terre :

Terre fine.	892.0
Cailloux.	108.0 (siliceux).

1,000 de terre contiennent :

	TERRE FINE.	TERRE BRUTE.
Azote.	2.84	2.53
Acide phosphorique.	2.39	2.13
Potasse.	0.12	0.11
Carbonate de chaux.	0.30	0.27

Cette terre, de couleur noirâtre, est assez dure après dessiccation; elle est très riche en humus, en azote et en acide phosphorique, et très pauvre en potasse. L'azote et l'acide phosphorique semblent devoir la ranger parmi celles qui offrent certaines ressources, mais l'absence presque totale de potasse s'opposera à certaines cultures.

N° 123. Komakoma (nord de Soavinimanjaka).

Maïs. Vallée. 875 kilomètres carrés. Toute la région n'est pas du même terrain. Terre fertile.

L'échantillon renfermait pour 1,000 de terre :

Terre fine.	887.5
Cailloux.	112.5 (siliceux).

1,000 de terre contiennent :

	TERRE FINE.	TERRE BRUTE.
Azote.	3.63	3.22
Acide phosphorique	1.65	1.46
Potasse.	1.10	0.98
Carbonate de chaux.	0.70	0.62

Cette terre, de couleur foncée, renferme des débris végétaux; elle est assez dure après dessiccation; elle est très riche en humus et en azote, riche en acide phosphorique et en potasse. Elle doit être considérée comme très fertile.

N° 124. Ambohiganamasoandro.

Plateau. 2,190 kilomètres carrés. Peu fertile. Toute la région n'est pas du même terrain. Peu désagrégé par les pluies.

L'échantillon renfermait par 1,000 de terre :

Terre fine.	943.0
Cailloux.	57.0 (siliceux).

1,000 de terre contiennent :

	TERRE FINE.	TERRE BRUTE.
Azote.	0.57	0.54
Acide phosphorique.	1.71	1.61
Potasse.	2.62	2.47
Carbonate de chaux.	0.80	0.75

De couleur jaune, cette terre est très dure après dessiccation; elle est pauvre en humus et en azote, riche en acide phosphorique et surtout en potasse. Elle serait susceptible d'acquérir de la fertilité par la culture.

N° 125. Ampizarantany.

Brousse. Vallée, bord de la rivière d'Ismania. 900 kilomètres carrés. Toute la région n'est pas du même terrain. Terre stérile.

L'échantillon renfermait pour 1,000 de terre :

Terre fine.	948.0
Cailloux.	52.0 (siliceux).

1,000 de terre contiennent :

	TERRE FINE.	TERRE BRUTE.
Azote	0.21	0.20
Acide phosphorique	0.23	0.22
Potasse	1.13	1.07
Carbonate de chaux	0.50	0.47

Cette terre blanche est assez dure après dessiccation; elle est très pauvre en azote et en acide phosphorique, assez riche en potasse; elle paraît se rapprocher des kaolins; elle doit être regardée comme impropre à la culture.

N° 126. Komakoma.
Manioc. Plaine près d'Anibatomainty. 875 kilomètres carrés. Terre fertile. Toute la région n'est pas de même terrain.

L'échantillon renfermait pour 1,000 de terre :

Terre fine	915.0
Cailloux	85.0 (siliceux).

1,000 de terre contiennent :

	TERRE FINE.	TERRE BRUTE.
Azote	1.21	1.11
Acide phosphorique	0.67	0.61
Potasse	1.59	1.45
Carbonate de chaux	0.90	0.82

Cette terre a l'aspect d'une terre arable; elle est très dure après dessiccation; elle est assez riche en azote et en potasse, moins riche en acide phosphorique. Elle peut être regardée comme susceptible d'une certaine fertilité.

N° 127. Ampisarantany.
Brousse. Ravin près de Namandriana. 1,625 kilomètres carrés. Toute la région n'est pas de même terrain.

L'échantillon renfermait pour 1,000 de terre :

Terre fine	902.0
Cailloux	98.0 (siliceux).

1,000 de terre contiennent :

	TERRE FINE.	TERRE BRUTE.
Azote	0.85	0.76
Acide phosphorique	0.91	0.82
Potasse	0.30	0.27
Carbonate de chaux	0.70	0.63

Cette terre, d'aspect jaunâtre, est très dure après dessiccation; elle est sensiblement pourvue d'éléments fertilisants et doit être regardée comme offrant une certaine fertilité.

Nº 128. Komakoma.

Brousse. Vallée de Malakialina. 875 kilomètres carrés. Peu désagrégée par les pluies. Toute la région n'est pas de même terrain.

L'échantillon renfermait pour 1,000 de terre :

Terre fine.. 931.7
Cailloux .... 68.3 (siliceux).

1,000 de terre contiennent :

	TERRE FINE.	TERRE BRUTE.
Azote..	1.93	1.80
Acide phosphorique................................	1.41	1.31
Potasse...	1 60	1.49
Carbonate de chaux................................	0.90	0.84

Cette terre, de couleur ocreuse très foncée, est très dure après dessiccation ; elle est riche en humus et en azote, ainsi qu'en acide phosphorique et en potasse. Elle renferme en assez grande quantité les éléments fertilisants et serait susceptible d'une bonne fertilité.

Nº 129. Komakoma.

Brousse. Crevasse près d'Ambalanitany. 875 kilomètres carrés. Toute la région n'est pas du même terrain.

L'échantillon renfermait pour 1,000 de terre :

Terre fine.. 948.0
Cailloux .... 52.0 (siliceux).

1,000 de terre contiennent :

	TERRE FINE.	TERRE BRUTE.
Azote..	0.21	0.20
Acide phosphorique................................	0.79	0.75
Potasse...	0.42	0.40
Carbonate de chaux................................	0.80	0.76

De couleur rouge vif, cette terre est très dure après dessiccation ; elle est très pauvre en humus et en azote, moins pauvre en acide phosphorique et en potasse ; elle n'offre qu'un faible fonds de fertilité.

Nº 130. Ampisarantany.

Brousse. Crevasse de Manazary. 900 kilomètres carrés. Toute la région n'est pas de même terrain.

L'échantillon renfermait pour 1,000 de terre :

Terre fine.. 945.0
Cailloux .... 55.0 (siliceux).

1,000 de terre contiennent :

	TERRE FINE.	TERRE BRUTE
Azote..	0.99	0.93
Acide phosphorique.....................................	0.84	0.79
Potasse..	0.07	0.07
Carbonate de chaux....................................	1.20	1.13

Cette terre ocreuse est très dure après dessiccation; elle contient une quantité sensible d'azote et d'acide phosphorique, mais presque pas de potasse. L'absence de la potasse semble devoir s'opposer à une bonne fertilité.

N° 132. Ambalabé.

Patates. Bords de la rivière de Jangoany. 700 kilomètres carrés. Terre peu fertile. Toute la région n'est pas du même terrain.

L'échantillon renfermait pour 1,000 de terre :

Terre fine	994.0
Cailloux..	6.0 (siliceux).

1,000 de terre contiennent :

	TERRE FINE.	TERRE BRUTE.
Azote...	0.03	0.03
Acide phosphorique....................................	0.25	0.25
Potasse..	6.81	6.77
Carbonate de chaux...................................	0.40	0.40

Cette terre violette, onctueuse et micacée, est friable après dessiccation; elle est tout à fait dépourvue d'humus et d'azote; elle est très pauvre en acide phosphorique, avec une teneur extrêmement élevée en potasse; elle semble n'offrir que de faibles ressources comme terre de culture.

N° 134. Ambalabé.

Brousse. Vallée de Miarinkofeno. 700 kilomètres carrés. Toute la région n'est pas du même terrain.

L'échantillon renfermait pour 1,000 de terre :

Terre fine	675.0
Cailloux	325.0 (siliceux).

1,000 de terre contiennent :

	TERRE FINE.	TERRE BRUTE.
Azote...	0.11	0.07
Acide phosphorique....................................	0.13	0.09
Potasse..	2.03	1.37
Carbonate de chaux....................................	0.60	0.40

Cette terre blanche est assez friable après dessiccation; elle ne contient ni azote, ni acide phosphorique; elle est riche en potasse; elle se rapproche du kaolin; elle ne semble pas pouvoir être mise en culture.

N° 42. Soarano.

Herbes. Vallée, altitude 1,099 mètres.

Échantillon pris à l'Est de Soarano. Région uniforme très étendue. Fertilité nulle.

L'échantillon renfermait pour 1,000 de terre :

Terre fine...	923.0
Cailloux...	77.0 (siliceux).

1,000 de terre contiennent :

	TERRE FINE.	TERRE BRUTE.
Azote..	0.01	0.01
Acide phosphorique....................................	0.23	0.21
Potasse..	0.21	0.19
Carbonate de chaux	1.20	1.11

Cette terre, d'un gris jaunâtre, est très dure après dessiccation ; elle est extrêmement pauvre, sans humus ni azote ; elle ne contient que très peu d'acide phosphorique et de potasse. Elle est impropre à la mise en culture.

Secteur de Marovatana.

N° 135. Mahitsy.

Cultures restreintes, manioc, patates. Pâturages. Herbes de 1 m. 50 de hauteur. Colline, altitude 1,350 mètres. Pentes très douces, non ravinées par les pluies. Tous les coteaux du secteur offrent les mêmes caractères de sol, de végétation spontanée et de cultures indigènes.

L'échantillon renfermait pour 1,000 de terre :

Terre fine...	919.0
Cailloux...	81.0 (siliceux.)

1,000 de terre contiennent :

	TERRE FINE.	TERRE BRUTE.
Azote..	1.14	1.05
Acide phosphorique....................................	0.48	0.44
Potasse..	0.13	0.12
Carbonate de chaux	0.50	0.46

Cette terre ocreuse est assez riche en humus et en azote, mais contient peu d'acide phosphorique et très peu de potasse ; elle ne paraît pas devoir être très fertile.

N° 136. Mahitsy.

Végétation spontanée. Sol humifère, sous-sol argileux. Vallée de l'Ikopa. Altitude, 1,350 mètres. Terrains en friche dans lesquels les pépinières n'ont pas donné de bons résultats. Terrains répandus en petites surfaces dans tout le secteur.

Ce n'est que dans les vallées assez larges qu'on en trouve des bandes de quelques mètres de largeur.

L'échantillon renfermait pour 1,000 de terre :

Terre fine...	918.0
Cailloux...	82.0 (siliceux.)

1,000 de terre contiennent :

	TERRE FINE.	TERRE BRUTE.
Azote	0.98	0.90
Acide phosphorique	0.54	0.49
Potasse	0.08	0.07
Carbonate de chaux	0.20	0.18

Cette terre a l'aspect d'une terre arable ; elle est très dure après dessiccation ; elle contient sensiblement d'humus et d'azote, mais elle est moins riche en acide phosphorique et extrêmement pauvre en potasse. Elle ne semble pas offrir de bonnes conditions de fertilité.

N° 137. Mahitsy, Nord-Ouest.
Rizières. Sol argileux. Vallée de Moriandro, altitude 1,300 mètres. Tous les terrains de vallées de ce secteur sont affectés aux rizières.

L'échantillon renfermait pour 1,000 de terre :

Terre fine	889.0
Cailloux	111.0 (siliceux).

1,000 de terre contiennent :

	TERRE FINE.	TERRE BRUTE.
Azote	1.28	1.14
Acide phosphorique	0.56	0.50
Potasse	0.34	0.30
Carbonate de chaux	0.40	0.35

Cette terre a l'aspect d'une terre arable ; elle est très dure après dessiccation ; elle est sensiblement plus riche que la précédente et offre de meilleures conditions de fertilité.

Secteur de Tsimahafotsy.
N° 133. Échantillon n° 2, pris à Antsiriribé, 2 kilomètres au sud.
Herbe *Bozaka*. Argile blanche. Vallée 1,375 mètres d'altitude. Cette terre, qui est un sous-sol, est recouverte de 3 mètres de terre rouge. La partie visible a 20 mètres de long sur les bords du torrent de l'Antsiriribé. Elle semble former la deuxième couche de toute la région dont le sol, très fertile, produit un fourrage excellent.

L'échantillon renfermait pour 1,000 de terre :

Terre fine	975.0
Cailloux	25.0 (siliceux).

1,000 de terre contiennent :

	TERRE FINE.	TERRE BRUTE.
Azote	0.07	0.07
Acide phosphorique	0.22	0.21
Potasse	0.62	0.60
Carbonate de chaux	1.00	0.97

MM. Müntz et Rousseaux.   4

Ce sous-sol, de couleur blanche, analogue au kaolin, est assez friable après dessiccation; il ne contient pas d'azote et très peu d'acide phosphorique et un peu de potasse. Il doit être infertile par lui-même; en raison de la potasse qu'il contient, il peut développer la fertilité des terres rouges qui le recouvrent.

Cette série des dix terres suivantes a été adressée en même temps qu'un envoi provenant du secteur de Manankasina. Mais elle n'était accompagnée d'aucun dossier. Il est probable que les indications ci-contre portées sur les sacs permettront de connaître la provenance exacte de ces échantillons.

N° (3ᵉ–11). Caisse longue. Sac rayé noir n° 1 Vᵇ.

L'échantillon ne renfermait pas de cailloux.
1,000 de terre contiennent :

Azote	0.76
Acide phosphorique	1.54
Potasse	0.31
Carbonate de chaux	1.40
Sesquioxyde de fer	199.03

Cette terre ocreuse est très dure après la dessiccation; elle renferme peu d'humus et d'azote et peu de potasse, mais une quantité notable d'acide phosphorique. Elle contient la quantité extraordinaire de 20 p. 100 d'oxyde de fer. En raison de sa teneur en phosphate, elle pourrait favoriser la croissance de bonnes espèces de graminées.

N° (3ᵉ–12). Sac rayé noir; n° II Vᵇ.

L'échantillon renfermait pour 1,000 de terre :

Terre fine	500.0
Cailloux	500.0 (siliceux).

1,000 de terre contiennent :

	TERRE FINE.	TERRE BRUTE.
Azote	2.49	1.24
Acide phosphorique	0.64	0.32
Potasse	0.25	0.12
Carbonate de chaux	1.00	0.50
Sesquioxyde de fer	266.10	133.05

Cette terre est très ocreuse, mais a l'aspect d'une terre arable foncée; elle est très friable après dessiccation; elle est riche en humus et en azote, peu riche en acide phosphorique et très pauvre en potasse. Elle n'offre qu'un faible fonds de fertilité; elle renferme près de 27 p. 100 d'oxyde de fer; elle est mélangée de la moitié de son poids de cailloux siliceux, contrairement à ce que nous avons observé pour les autres échantillons. Cette terre a dû être lavée par les eaux, qui ont entraîné une grande proportion des éléments fins.

N° (3ᵉ–13). Sac rayé noir, n° III Vᵇ.

L'échantillon ne renfermait pas de cailloux.

1,000 de terre contiennent :

Azote	1.71
Acide phosphorique	1.35
Potasse	0.42
Carbonate de chaux	1.60
Sesquioxyde de fer	292.06

Cette terre, très ocreuse, se prend en masse extrêmement dure par la dessiccation; elle est riche en humus, en azote et en acide phosphorique, et elle contient une petite quantité de potasse, elle pourrait être utilisée comme terre de culture.

Elle renferme près de 30 p. 100 de son poids d'oxyde de fer et constitue, par suite, un véritable minerai qui serait susceptible d'être exploité.

N° (3ᵉ–14). Sac rayé vert $\frac{P}{M}$.

L'échantillon ne renfermait pas de cailloux.

1,000 de terre contiennent :

Azote	0.21
Acide phosphorique	0.66
Potasse	0.34
Carbonate de chaux	1.20
Sesquioxyde de fer	28.12

Cette terre est de couleur grisâtre; elle devient dure par la dessiccation; elle est très pauvre en humus et en azote, ainsi qu'en potasse, un peu moins pauvre en acide phosphorique. Elle n'offre que de faibles ressources.

N° (3ᵉ–15). Sac rayé vert $\frac{H}{M}$.

L'échantillon ne renfermait pas de cailloux.

1,000 de terre contiennent :

Azote	2.69
Acide phosphorique	2.22
Potasse	1.36
Carbonate de chaux	1.00
Sesquioxyde de fer	95.19

Cette terre a l'aspect d'une terre arable; elle devient très dure par la dessiccation; elle est très riche en humus et en azote, ainsi qu'en acide phosphorique; elle est riche en potasse. Elle doit être considérée comme une terre de bonne fertilité.

N° (3ᵉ–16). Sac rayé rouge $\frac{\text{Flanc}}{M}$.

L'échantillon ne renfermait pas de cailloux.

4.

1,000 de terre contiennent :

      Azote... 0.22
      Acide phosphorique... 1.43
      Potasse.. 0.37
      Carbonate de chaux... 1.40
      Sesquioxyde de fer... 64.92

Cette terre est de couleur jaunâtre ; elle est dure après dessiccation ; elle est très pauvre en humus et en azote, pauvre en potasse, riche en acide phosphorique. Elle pourrait porter de bonnes graminées.

N° (3°–17). Sac jonc n° 1.

L'échantillon ne renfermait pas de cailloux.
1,000 de terre contiennent :

      Azote... 0.96
      Acide phosphorique... 0.86
      Potasse.. 0.20
      Carbonate de chaux... 1.00
      Sesquioxyde de fer... 56.25

Cette terre a l'aspect d'une terre arable ; elle est très friable après dessiccation ; elle contient des proportions sensibles d'humus, d'azote et d'acide phosphorique, mais peu de potasse ; elle possède quelque peu de fertilité.

N° (3°–18). Sac jonc n° 1 *bis*.

L'échantillon ne renfermait pas de cailloux.
1,000 de terre contiennent :

      Azote...   0.14
      Acide phosphorique...   0.18
      Potasse..   0.19
      Carbonate de chaux...   0.80
      Sesquioxyde de fer... 108.17

Cette terre est de couleur jaune ocreuse ; elle est un peu friable après dessiccation : elle est extrêmement pauvre sous tous les rapports et n'offre aucun fonds de fertilité.

N° (3°–19). Sac jonc n° 2.

L'échantillon ne renfermait pas de cailloux.
1,000 de terre contiennent :

      Azote... 1.71
      Acide phosphorique... 0.94
      Potasse.. 0.25
      Carbonate de chaux... 1.00
      Sesquioxyde de fer... 56.25

Cette terre a l'aspect d'une terre arable ; elle est assez friable après dessiccation ; elle est riche en humus et en azote, assez riche en acide phosphorique, pauvre en potasse et susceptible de fertilité.

N° (3ᵉ-20). Sac jonc n° 3.

L'échantillon ne renfermait pas de cailloux.
1,000 de terre contiennent :

Azote.	1.04
Acide phosphorique.	1.13
Potasse.	0.32
Carbonate de chaux.	1.00
Sesquioxyde de fer.	67.06

Cette terre ocreuse est dure après dessiccation ; elle est assez riche en humus, en azote et en acide phosphorique, mais pauvre en potasse ; elle est suscept'ble de fertilité.

CERCLE DE MIARINARIVO.

Limites. — Au Nord, le Manandriana (affluent de l'Ikopa) puis la ligne de partage entre les bassins de l'Isandrano et du Sakay, de la Mahavavy et du Manambolo ;
À l'Est, l'Onibé, affluent de l'Ikopa, le Matindrano qui se jette dans le lac Itasy, le marais de Fitandrambo et le massif du Dango.
Au Sud, le Sahomby, le Kitsamby, le Mahajilo.
À l'Ouest, la crête de Bongolava.
Topographie générale. — Le cercle est divisé en deux régions bien distinctes par le cours du Sakay: l'une à l'Est, l'autre à l'Ouest.
La région de l'Est qui est la plus habitée, comprend : au Nord, le Mamolakazo ; au Sud, le Mandidrano ; le Mamolakazo et le Mandidrano sont séparés par le lac Itasy.
Les régions du Mamolakazo et du Mandidrano sont très accidentées et renferment des massifs qui forment de véritables nœuds orographiques. Les altitudes de 1,300 à 1,500 mètres y sont fréquentes. Plusieurs plateaux. Le pays est bien arrosé. Dans la région, à l'ouest du Sakay, deux massifs montagneux: les monts Ambokibo et Ampananina.
En dehors de ces crêtes, cette région de l'Ouest est plate et bien arrosée. Vallées fertiles en assez grand nombre.
Géologie. — Terrain essentiellement volcanique ; nombreux lacs. Sol jonché de scories, dont la décomposition donne une terre noire et très fertile.
Pays abondamment arrosé.
Nombreuses sources thermales utilisées par les indigènes.
Bancs calcaires assez nombreux.
Tremblements de terre assez forts et relativement fréquents.
Climat. — Même climat doux et tempéré que dans le cercle de Tananarive. Moyenne de température: pendant la saison chaude, 21 degrés ; pendant la saison sèche, 16 degrés.
Dans les régions qu'abritent les massifs montagneux, la température est un peu plus élevée.
Cultures. — Culture du riz sur 8,000 hectares environ. Elle est surtout considérable

dans le Mandidrano, où la production dépasse la consommation, outre le riz, manioc, patates, maïs.

Voies de communication. — Route muletière de Tananarive à Ankavandra passant par Miarinarivo, sera transformée sous peu en route carrossable ; plusieurs autres routes muletières.

Navigation sur le lac Itasy.

Commerce. Industrie. — Commerce actif sur les divers marchés du cercle ; mêmes articles généraux que pour le cercle de Tananarive.

Industrie peu développée et très primitive.

Environ 30,000 bœufs dans le cercle.

Colonisation. — Peu développée.

N° (23-50). 800 mètres nord-est de Tsiroanomandidy.

Sol de prairie ; sommet d'une colline.

L'échantillon ne renfermait pas de cailloux.

1,000 de terre contiennent :

Azote	0.88
Acide phosphorique	0.66
Potasse	0.31
Carbonate de chaux	2.60
Magnésie	0.32
Sesquioxyde de fer . . . . ;.	66.32

Cette terre ocreuse contient sensiblement d'humus et d'azote ; elle est peu riche en acide phosphorique et pauvre en potasse ; elle n'offre pas de grandes ressources culturales.

N° (24-51). 800 mètres nord-est de Tsiroanomandidy.

Sous-sol au même endroit que le précédent.

L'échantillon ne contenait pas de cailloux.

1,000 de terre contiennent :

Azote	0.09
Acide phosphorique	0.46
Potasse	7.65
Carbonate de chaux	1.90
Magnésie	2.52
Sesquioxyde de fer	29.47

Ce sous-sol ne contient pas d'humus ni d'azote, peu d'acide phosphorique, mais une forte proportion de potasse. Il pourrait servir d'amendement potassique aux terres avoisinantes auxquelles manque cet élément.

Secteur de Mandidrano.

N° (25-52). Poste de Tomponala.

Sous-sol pris dans un bas-fond.

L'échantillon ne renfermait pas de cailloux.

1,000 de terre contiennent :

Azote	1.40
Acide phosphorique	0.94
Potasse	1.73
Carbonate de chaux	3.20
Magnésie	0.72
Sesquioxyde de fer	34.39

Ce sous-sol noirâtre est riche en humus et en azote, de même qu'en potasse, et sensiblement riche en acide phosphorique. Il peut être susceptible de fournir une terre d'assez bonne qualité.

N° (26–53). Poste de Tomponala.
Terre végétale.

L'échantillon ne renfermait pas de cailloux.
1,000 de terre contiennent :

Azote	1.70
Acide phosphorique	3.27
Potasse	1.38
Carbonate de chaux	2.50
Magnésie	1.98
Sesquioxyde de fer	68.77

Cette terre ocreuse foncée contient quelques débris organiques ; elle est riche en humus, en azote et en potasse et très riche en acide phosphorique. C'est une terre de grande fertilité.

N° 150. Tsiroanomandidy, au Nord.
Manioc, patates. Plateau, 900 mètres d'altitude. La région n'est pas uniforme. Terrain très fertile sur 3 à 4 hectares limités à l'Ouest par la route d'Ankavandra et le village d'Antisy, à proximité du marché d'Alakamisy. Terrain qui, bien cultivé, produirait de tout en abondance.

L'échantillon renfermait pour 1,000 de terre :

Terre fine	942.0
Cailloux	58.0 (siliceux.)

1,000 de terre contiennent :

	TERRE FINE.	TERRE BRUTE.
Azote	1.53	1.44
Acide phosphorique	1.28	1.20
Potasse	0.42	0.39
Carbonate de chaux	0.70	0.66

Cette terre a l'aspect d'une terre arable très foncée ; elle contient quelques débris végétaux ; elle est dure après dessiccation ; elle est riche en azote et en acide phosphorique, peu riche en potasse. Elle paraît avoir été enrichie par la culture et par la fumure et présente d'assez bonnes conditions de fertilité.

N° 151. Antisiavaratra-Est.

Hautes herbes. Terre argileuse. Flanc de coteau, altitude de 800 mètres. Terre peu fertile. Étendue, 7 à 8 hectarees. Sol très accidenté. N'absorbe l'eau qu'imparfaitement.

L'échantillon renfermait pour 1,000 de terre :

Terre fine 954.0
Cailloux . . . . 46.0 (siliceux).

1,000 de terre contiennent :

	TERRE FINE.	TERRE BRUTE.
Azote	0.25	0.24
Acide phosphorique	0.33	0.31
Potasse	0.03	0.03
Carbonate de chaux	0.70	0.67

Cette terre ocreuse, d'un rouge vif, est très dure après dessiccation ; elle est très pauvre à tous les points de vue et ne semble pas pouvoir se prêter à la culture.

N° 152. Ambatofotsy-Nord.

Végétation spontanée. Vallée de la Bimandry. Altitude : 630 mètres. Terre blanche ; toute la région renferme de grandes quantités de cette terre. Sol assez fertile, absorbe l'eau d'une façon remarquable.

L'échantillon renfermait pour 1,000 de terre :

Terre fine 949.0
Cailloux . . . . 51.0 (siliceux).

1,000 de terre contiennent :

	TERRE FINE.	TERRE BRUTE.
Azote	0.11	0.10
Acide phosphorique	0.27	0.26
Potasse	0.46	0.44
Carbonate de chaux	0.80	0.76

Cette terre blanche est très friable après dessiccation ; elle est très pauvre en azote et en acide phosphorique, pauvre en potasse. Elle ne semble pas offrir des ressources appréciables à la culture.

N° 6. Miarinarivo.

Végétation spontanée, herbes rares. Argile et quartz. Flanc de coteau, altitude : 1,300 mètres. Toute la région paraît composée du même terrain, sauf les rizières. Sol argileux, imperméable.

L'échantillon renfermait pour 1,000 de terre :

Terre fine 945.0
Cailloux . . . . 55.0 (siliceux).

1,000 de terre contiennent :

	TERRE FINE.	TERRE BRUTE.
Azote	1.30	1.23
Acide phosphorique	0.70	0.66
Potasse	0.08	0.07
Carbonate de chaux	0.40	0.38

Cette terre très ocreuse est extrêmement dure après dessiccation ; elle contient quelques débris végétaux ; elle est assez riche en humus et en azote, peu riche en acide phosphorique et presque entièrement dépourvue de potasse. Elle offre peu de ressources à la culture.

N° 7. Amparaky.
Herbe forte. Région volcanique. Laves et scories. Croupe, altitude, 1,100 mètres. Échantillon pris au sud de Mazy : région de Mahatsinjo. Sol très fertile. Terrain très arrosé.

L'échantillon renfermait pour 1,000 de terre :

Terre fine	942.5
Cailloux	57.5 (siliceux).

1,000 de terre contiennent :

	TERRE FINE.	TERRE BRUTE.
Azote	0.94	0.88
Acide phosphorique	0.80	0.75
Potasse	0.34	0.32
Carbonate de chaux	0.50	0.47

Cette terre ocreuse et foncée contient quelques débris végétaux ; elle est extrêmement dure après dessiccation ; elle renferme sensiblement d'humus et d'azote, ainsi que d'acide phosphorique, mais très peu de potasse. La fertilité qu'on lui attribue paraît principalement due à ce que ce terrain est très arrosé, car il n'est pas d'une grande richesse.

Secteur de Tsiroanomandidy.
N° 149. Pris à Tsiroanomandidy (à l'est du village).
Herbe épaisse. Terre jaune. Flanc de coteau, altitude : 900 mètres. Sol très accidenté. Par places gros rochers. N'absorbe l'eau qu'imparfaitement.

L'échantillon renfermait pour 1,000 de terre :

Terre fine	899.0
Cailloux	101.0 (siliceux).

1,000 de terre contiennent :

	TERRE FINE.	TERRE BRUTE.
Azote	0.12	0.11
Acide phosphorique	0.18	0.16
Potasse	4.73	4.25
Carbonate de chaux	1.10	0.99

Cette terre jaune violacée, riche en mica, est dure, mais un peu friable après dessiccation; elle se fait remarquer par une absence presque complète d'azote et d'acide phosphorique, mais par la présence de très fortes quantités de potasse.

CERCLE DE BETAFO.

Limites. — Au Nord, crêtes séparant le bassin de l'Onibé du Kitsamby;

A l'Est, forêt de Betsamisotra;

Au Sud, monts de Vorombola;

Au Sud-Ouest, le Mangoka;

A l'Ouest, ligne conventionnelle parallèle à la montagne de Tihoarana.

Topographie générale. — Pays très montagneux; sommets dénudés mais autrefois très boisés, car on trouve en creusant le sol des racines énormes.

Très nombreux cours d'eau dont beaucoup à régime torrentiel.

Vallées fertiles.

Géologie. — Terrain essentiellement volcanique. Très nombreuses sources thermales; à Ranomasina, près de Betafo, l'eau jaillit à 55 degrés. A Antsirabé, sources sulfatées, sodiques et sulfureuses.

Climat. — Très tempéré. Pendant la saison sèche, la température descend au voisinage de zéro. On voit quelquefois de la gelée blanche.

Variations brusques de température. Pays en général très sain, sauf sur quelques points.

Cultures. — L'une des régions les plus fertiles du plateau central. Toutes les cultures vivrières indigènes, les légumes et quelques fruits européens, y réussissent. En outre : manguiers, goyaviers, bibassiers, orangers, pêchers, citronniers, caféiers, eucalyptus.

Culture de la pomme de terre très répandue.

Voies de communication. — Très nombreuses routes militaires dont quelques-unes seront rendues carrossables d'ici peu.

Commerce. Industrie. — Très actif dans les régions de Betafo, d'Antsirabé, d'Ambatolampy. Importations nombreuses d'articles européens. Industrie indigène assez développée, tissage, poterie, briqueterie, objets en bois, fabrication de la chaux, du sel, etc.

Colonisation. — A pris une certaine extension depuis quelques années, surtout à Antsirabé.

Les échantillons suivants proviennent du secteur de Betafo.

N° 27. Échantillon n° 1, sol à l'ouest du district de Jagomalaza.

Vallée : 1,350 mètres d'altitude. Cultures : blé, maïs, patates. Région uniforme. Vallée de 150 mètres de longueur, 1 kilomètre de largeur. Sol fertile, perméable.

L'échantillon ne renfermait pas de cailloux.

1,000 de terre contiennent :

Azote	6.11
Acide phosphorique	6.98
Potasse	1.44
Carbonate de chaux	30.00

Cette terre noire, très humifère, est très friable après dessiccation. Elle est extrêmement riche en azote et en acide phosphorique, riche aussi en potasse et en carbonate de chaux; elle est bien le type des bonnes terres de culture maraîchère, absorbant de grandes quantités d'eau et se prêtant aux cultures les plus intensives.

N° 28. Échantillon n° 2. Sol au nord-est du village de Mahajilo.
Flanc de coteau. Altitude : 1,350 mètres. Sol cultivé, pommes de terre, patates, maïs. Région uniforme. 250 hectares. Sol fertile, perméable.

L'échantillon ne contient pas de cailloux.
1,000 de terre renferment :

Azote	3.67
Acide phosphorique	1.53
Potasse	0.51
Carbonate de chaux	10.00

Cette terre ocreuse et d'un brun très foncé est très friable après dessiccation; elle est très riche en humus et en azote, riche en acide phosphorique, peu riche en potasse; elle contient sensiblement de carbonate de chaux. Elle doit être, comme la précédente, regardée comme une terre de bonne production.

N° 29. Échantillon n° 3. Sol, à l'ouest du village d'Ambilauana.
Flanc de coteau, altitude : 1,320 mètres. Cultures : patates, maïs. Région uniforme. 200 hectares. Sol assez fertile, perméable.

L'échantillon renfermait pour 1,000 de terre :

Terre fine	985.0
Cailloux	15.0 (siliceux).

1,000 de terre contiennent :

	TERRE FINE.	TERRE BRUTE.
Azote	1.11	1.09
Acide phosphorique	0.83	0.82
Potasse	0.29	0.28
Carbonate de chaux	0.80	0.79

Cette terre très ocreuse est très dure après dessiccation; elle contient sensiblement d'humus, d'azote et d'acide phosphorique, mais peu de potasse. Elle doit être d'une fertilité moyenne.

Secteur de Midongy.
N° 57. Mandronarivo.
Herbes de 1 mètre à 1 m. 50 de hauteur, ne pouvant servir qu'aux toitures. Plaine, altitude : 500 mètres. Toute la région est formée du même terrain. A certains endroits, la terre rouge est couverte de terre végétale. Certaines parties sont plantées en riz, patates, manioc. Au moment des pluies, le sol est gras et l'eau ne pénètre pas. La terre des pentes est entraînée dans les bas-fonds.

L'échantillon renfermait pour 1,000 de terre :

Terre fine.. 941.3
Cailloux.. 58.7 (siliceux).

1,000 de terre contiennent :

	TERRE FINE.	TERRE BRUTE.
Azote..	0.46	0.43
Acide phosphorique............................	0.34	0.32
Potasse..	0.93	0.87
Carbonate de chaux............................	1.70	1.60

Cette terre ocreuse est très dure après dessiccation; elle est pauvre en humus, en azote et en acide phosphorique; elle contient sensiblement de potasse. Elle offre de faibles ressources de fertilité.

N° 58. Malaimbandy (800 mètres au sud du village).

Brousse, herbes, quelques lataniers. Terrain argileux. Plateau de 250 mètres au-dessus de la vallée de la Manapanda. 140,000 hectares. La région, formée de terrains analogues, appartient à la vallée de la moyenne Sakeny. Fertilité médiocre; l'eau pénètre peu.

L'échantillon renfermait pour 1,000 de terre :

Terre fine.. 987.5
Cailloux.. 12.5 (siliceux).

1,000 de terre contiennent :

	TERRE FINE.	TERRE BRUTE.
Azote..	0.30	0.29
Acide phosphorique............................	0.16	0.16
Potasse..	0.54	0.53
Carbonate de chaux............................	2.50	2.47

Cette terre d'un jaune grisâtre est très dure après dessiccation; elle est pauvre en tous les éléments fertilisants et surtout en acide phosphorique; elle doit être considérée comme très peu fertile.

N° 59. Malaimbandy.

Crête du Bongolava, près Janjina. Végétation spontanée. Crête, altitude : 1,100 mètres. Toute la région n'est pas formée du même terrain. Fertilité nulle, l'eau pénètre peu.

L'échantillon ne renfermait pas de cailloux.

1,000 de terre contiennent :

Azote 0.04
Acide phosphorique... 0.18
Potasse 0.84
Carbonate de chaux... 2.00

Cette terre blanche est dure après dessiccation; elle est presque dépourvue d'azote et d'acide phosphorique, mais elle contient sensiblement de potasse. Elle ne paraît pas devoir se prêter à la mise en culture.

N° 60. Tsitondroina, rive gauche de la Mananantanana, affluent de gauche du moyen Mangoka.

Hautes herbes. Toute la région n'est pas uniforme.

L'échantillon renfermait pour 1,000 de terre :

Terre fine... 691.3
Cailloux .... 308.7 (siliceux).

1,000 de terre contiennent :

	TERRE FINE.	TERRE BRUTE.
Azote...	0.65	0.45
Acide phosphorique...............................	0.72	0.50
Potasse	2.91	2.01
Carbonate de chaux	0.70	0.48

Cette terre jaune ocreuse est très dure après dessiccation; elle est peu riche en humus, en azote et en acide phosphorique, mais très riche en potasse. Elle offre quelques ressources à la culture.

N° 61. Midongy.

Brousse. Sommet de colline : Altitude, 1,100 mètres. Toute la région n'est pas du même terrain. Échantillon prélevé en deux points à 200 et à 5 kilomètres du poste. À la saison des pluies, le sol se couvre spontanément d'une assez forte végétation.

L'échantillon renfermait pour 1,000 de terre :

Terre fine..................... .... 921.3
Cailloux .... 78.7 (siliceux).

1,000 de terre contiennent :

	TERRE FINE.	TERRE BRUTE.
Azote...	0.61	0.56
Acide phosphorique...............................	0.71	0.65
Potasse	2.19	2.02
Carbonate de chaux	1.00	0.92

Cette terre ocreuse, d'un rouge vif, est dure après dessiccation; elle est peu riche en humus, en azote et en acide phosphorique, mais riche en potasse; elle offre quelques ressources.

N° 62. 4 kilomètres au Nord-Ouest.

Rizière. Vallée. Altitude : 1,000 mètres. Toute la région n'est pas du même terrain. Échantillon prélevé dans une petite vallée voisine de la ligne de partage des eaux du Mangoka et de la Mania. Sol très fertile, deux récoltes de riz par an.

L'échantillon renfermait pour 1,000 de terre :

Terre fine	897.0
Cailloux	103.0 (siliceux).

1,000 de terre contiennent :

	TERRE FINE.	TERRE BRUTE.
Azote	0.72	0.64
Acide phosphorique	0.78	0.70
Potasse	1.86	1.67
Carbonate de chaux	0.70	0.63

Cette terre a l'aspect d'une terre arable; elle est légèrement micacée; elle est très dure après dessiccation; elle contient des quantités sensibles d'humus, d'azote et d'acide phosphorique; elle est riche en potasse. Cependant la grande fertilité indiquée doit plutôt tenir à la situation topographique et à la présence de l'eau qu'à la teneur de la terre en principes fertilisants.

N° 64. Sol. District d'Andranomanjaka. N° 1.

Vallée, altitude : 1,300 mètres. Végétation spontanée. Herbes. Région uniforme. Nord-est d'Inanatonana. Sol fertile.

L'échantillon renfermait pour 1,000 de terre.

Terre fine	980.0
Cailloux	20.0 (siliceux).

1,000 de terre contiennent :

	TERRE FINE.	TERRE BRUTE.
Azote	1.55	1.52
Acide phosphorique	1.76	1.72
Potasse	1.06	1.04
Carbonate de chaux	0.70	0.69

Cette terre ocreuse est très dure après dessiccation; elle est riche en humus, en azote et en acide phosphorique, assez riche en potasse. Elle offre des conditions satisfaisantes de fertilité.

N° 68. District de Miandrarivo. N° 2. Sol.

Vallée. Végétation spontanée, herbe. Région uniforme, sol très cultivable. Nord-est d'Inanatonana.

L'échantillon renfermait pour 1,000 de terre :

Terre fine	917.0
Cailloux	83.0 (siliceux.)

1,000 de terre contiennent :

	TERRE FINE.	TERRE BRUTE.
Azote	2.20	2.02
Acide phosphorique	0.53	0.49
Potasse	0.25	0.23
Carbonate de chaux	1.30	1.19

Cette terre ocreuse et foncée contient quelques débris végétaux; elle est dure après dessiccation; elle est très riche en humus et en azote mais renferme de faibles proportions d'acide phosphorique et surtout de potasse. Elle pourrait donner quelques résultats au début de la mise en culture, mais la fertilité ne se maintiendrait que par l'apport de fumures. Elle se rapproche un peu des terres de bruyère.

N° 69. District d'Antsampandrarivo. N° 3. Sol.
Plateau, altitude : 1,400 mètres. Végétation spontanée, herbe. Région uniforme très fertile. Est d'Inanatonana.

L'échantillon renfermait pour 1,000 de terre :

Terre fine	970.0
Cailloux	30.0 (siliceux.)

1,000 de terre contiennent :

	TERRE FINE.	TERRE BRUTE.
Azote	1.21	1.17
Acide phosphorique	0.67	0.65
Potasse	0.08	0.08
Carbonate de chaux	0.90	0.87

Cette terre très ocreuse est très dure après dessiccation; elle contient sensiblement d'humus et d'azote, moins d'acide phosphorique; elle est presque totalement dépourvue de potasse; une pareille terre ne semble devoir présenter que peu de ressources à la culture.

N° 65. District de Lazarivo. N° 4, sol.
Plateau, altitude : 1,350 mètres. Végétation spontanée, herbes. Région uniforme, susceptible d'être cultivée. Nord-est d'Inanatonana.

L'échantillon renfermait pour 1,000 de terre :

Terre fine	981.0
Cailloux	19.0 (siliceux.)

1,000 de terre contiennent :

	TERRE FINE.	TERRE BRUTE.
Azote	0.71	0.70
Acide phosphorique	0.95	0.93
Potasse	0.64	0.63
Carbonate de chaux	0.80	0.78

Cette terre ocreuse, d'un rouge vif, est très dure après dessiccation; elle contient sensiblement d'azote, d'acide phosphorique et de potasse. Elle semble être une terre de fertilité moyenne.

N° 70. District d'Ambandrano. N° 5, sol.
Plateau, altitude : 1,200 mètres. Végétation spontanée, herbes. Région homogène, fertile. Nord d'Inanatonana.

L'échantillon renfermait pour 1,000 de terre :

Terre fine... 959.0
Cailloux.. 41.0 (siliceux)

1,000 de terre contiennent :

	TERRE FINE.	TERRE BRUTE.
Azote...	0.96	0.92
Acide phosphorique.............................	0.35	0.34
Potasse..	0.81	0.78
Carbonate de chaux.............................	0.80	0.77

Cette terre, d'un gris ocreux, est dure après dessiccation ; elle contient sensiblement d'humus, d'azote et de potasse, mais peu d'acide phosphorique. Elle n'offre pas de grandes ressources pour la culture.

Secteur d'Inanatonana.
N° 63.
District d'Ambonirena. N° 6, sol.
Plateau. Végétation spontanée. Herbe. Région uniforme très fertile.

L'échantillon renfermait pour 1,000 de terre :

Terre fine.. 988.3
Cailloux.. 11.7 (siliceux).

1,000 de terre contiennent :

	TERRE FINE.	TERRE BRUTE.
Azote...	0.25	0.25
Acide phosphorique.............................	0.47	0.46
Potasse..	0.59	0.58
Carbonate de chaux.............................	0.80	0.79

Cette terre ocreuse, d'un rouge vif légèrement violacé, est un peu friable après dessiccation ; elle est très pauvre en humus et en azote, pauvre en acide phosphorique et en potasse. Cette composition n'explique pas la qualification de très fertile qui lui est attribuée.

N° 66. District de Fenoarivo. N° 7, sol.
Plateau, altitude : 1,400 mètres. Végétation spontanée. Herbes. Région uniforme assez fertile. Nord d'Inanatonana.

L'échantillon renfermait pour 1,000 de terre :

Terre fine.. 962.0
Cailloux.. 38.0 (siliceux),

1,000 de terre contiennent :

	TERRE FINE.	TERRE BRUTE.
Azote...	1.48	1.42
Acide phosphorique.............................	1.90	1.83
Potasse..	0.92	0.88
Carbonate de chaux.............................	0.70	0.67

Cette terre ocreuse est très dure après dessiccation. Elle est riche en humus, en azote et en acide phosphorique, avec une quantité sensible de potasse. Elle se trouve dans de bonnes conditions de fertilité.

N° 67. District d'Ambohidrano. N° 8 sol.

Plateau. Végétation spontanée, herbe. Région uniforme, sol fertile. Nord d'Inanatonana.

L'échantillon renfermait pour 1,000 de terre :

Terre fine..	980.0
Cailloux..	20.0 (siliceux).

1,000 de terre contiennent :

	TERRE FINE.	TERRE BRUTE.
Azote..	0.71	0.69
Acide phosphorique...............................	0.99	0.97
Potasse...	1.23	1.20
Carbonate de chaux...............................	0.90	0.88

Cette terre ocreuse est très dure après dessiccation ; elle contient sensiblement d'humus, d'azote, d'acide phosphorique et de potasse ; elle présente les conditions d'une certaine fertilité.

Secteur d'Antsirabé.

N° 112. Sahatsio.

Ni végétation, ni cultures. Altitude : 1,350 mètres. Toute la vallée de la Sahatsio est formée de ce terrain. Terre utilisée pour blanchir les maisons.

L'échantillon renfermait pour 1,000 de terre :

Terre fine..	854.0
Cailloux..	146.0 (siliceux).

1,000 de terre contiennent :

	TERRE FINE.	TERRE BRUTE.
Azote..	0.12	0.10
Acide phosphorique...............................	0.23	0.20
Potasse...	1.32	1.13
Carbonate de chaux...............................	1.70	1.45

Cette terre blanche est dure, mais un peu friable après dessiccation ; elle se fait remarquer par l'absence d'humus et d'azote ; elle est extrêmement pauvre en acide phosphorique, mais contient sensiblement de potasse. Elle ne paraît pas pouvoir être utilisée pour la culture.

N° 113. Soamalaza.

Herbes rares. Terre rouge. Altitude : 1,500 mètres. Terre commune à tout le secteur. Dans la région, on cultive le manioc, le tabac, la patate, qui viennent bien après une bonne fumure. Très perméable. Flanc de coteau.

MM. Müntz et Rousseaux.

L'échantillon renfermait pour 1,000 de terre :

Terre fine....................................	990.0
Cailloux....................................	10.0 (siliceux).

1,000 de terre contiennent :

	TERRE FINE.	TERRE BRUTE.
Azote....................................	0.59	0.58
Acide phosphorique....................................	0.85	0.84
Potasse....................................	0.08	0.08
Carbonate de chaux....................................	2.20	2.18

Cette terre, d'un rouge vif, est dure après dessiccation. Elle contient peu d'humus et d'azote, sensiblement d'acide phosphorique; elle est presque complètement dépourvue de potasse. Elle n'offre que de faibles ressources.

N° 114. Vohijanahary.

Végétation luxuriante. Terre noire. Vallée. Altitude : 1,450 mètres. Terrain uniforme dans tout le district d'Ambany et dans la moitié de celui de Vohijanahary. Sol très fertile; n'exige pas de grandes fumures.

L'échantillon renfermait pour 1,000 de terre :

Terre fine....................................	951.0
Cailloux....................................	49.0 (siliceux).

1,000 de terre contiennent :

	TERRE FINE.	TERRE BRUTE.
Azote....................................	4.91	4.67
Acide phosphorique....................................	3.14	2.99
Potasse....................................	0.35	0.33
Carbonate de chaux....................................	1.00	0.95

Cette terre noirâtre est friable après dessiccation; elle est très riche en humus, en azote et en acide phosphorique, mais pauvre en potasse. L'apport d'engrais potassiques, ainsi que d'amendements calcaires, donneraient à cette terre une grande fertilité.

N° 3. Terre prise aux environs d'Antsirabé Morafeno.

L'échantillon renfermait pour 1,000 de terre :

Terre fine....................................	993.8
Cailloux....................................	6.2

1,000 de terre contiennent :

	TERRE FINE.	TERRE BRUTE.
Azote....................................	5.11	5.08
Acide phosphorique....................................	3.07	3.05
Potasse....................................	0.59	0.58
Carbonate de chaux....................................	0.30	0.29

Cette terre foncée est très riche en humus et en azote, de même qu'en acide phosphorique; peu riche en potasse. Elle pourrait devenir très fertile par l'apport d'engrais potassiques et surtout par le chaulage.

CERCLE DE TSIAFAHY.

Limites. — Au nord, le cercle d'Anjozorobé; à l'est, le cercle de Moramanga et le territoire des Betsimisaraka du Sud; au sud, la province d'Ambositra; à l'ouest, le cercle de Betafo et le cercle d'Arivonimamo.

Topographie générale. — Région accidentée, dépressions profondes et nombreuses. Cependant, peu de montagnes, mais accumulation de mamelons; assez nombreux cours d'eau, dont l'Ikopa et le Sisaony.

Géologie. — Au nord, argile recouvrant des affleurements de gneiss et de granit; au sud, basalte.

Climat. — Tempéré et doux pendant six mois de l'année, chaud pendant les six autres. Région salubre pour les Européens.

Limites extrêmes de température : de 7 à 18 degrés en hiver; de 15 à 30 degrés en été.

Cultures. — Cultures vivrières indigènes ordinaires; réussissent bien dans les fonds de vallée. De même pour les légumes européens. Culture de la pomme de terre très développée.

Commerce et industrie. — Commerce très actif sur les marchés. Importation assez prononcée d'articles européens.

Industrie également assez développée : industrie du fer, industrie séricicole, tissage, poterie, briques, tuiles, produits tinctoriaux, industrie aurifère.

Ressources naturelles. — Nombreux minerais de fer. Gisements aurifères.

Voies de communication. — Route carrossable de Tananarive à Fianarantsoa. Très nombreuses routes muletières.

Colonisation. — A pris un certain développement depuis quelques années.

Secteur de Mantasoa.

N° 76. Angavo (ouest du poste Bernard).

Herbes, bruyères. Flanc de coteau. Toute la région est formée du même terrain. Terrain résistant aux pluies. Sous-sol.

L'échantillon renfermait pour 1,000 de terre :

Terre fine	796.7
Cailloux	203.3 (siliceux).

1,000 de terre contiennent :

	TERRE FINE.	TERRE BRUTE.
Azote	0.12	0.09
Acide phosphorique	0.91	0.72
Potasse	0.93	0.74
Carbonate de chaux	1.20	0.96

Ce sous-sol, de couleur ocreuse, est un peu friable après dessiccation; il est pierreux, dépourvu d'humus et d'azote, avec une quantité sensible d'acide phosphorique et de potasse.

5.

N° 73. Mont Andrankondolitra.

Sommet du mont. 200 mètres d'altitude. Végétation spontanée, arbres. Toute la région forestière est du même terrain. Est du poste d'Ambrialy et nord-nord-est du blockhaus Bernard. Sol reste assez ferme pendant les pluies.

L'échantillon renfermait pour 1,000 de terre :

Terre fine..	811.7
Cailloux..	188.3 (siliceux).

1,000 de terre contiennent :

	TERRE FINE.	TERRE BRUTE.
Azote..	0.39	0.32
Acide phosphorique............................	0.69	0.57
Potasse.......................................	0.12	0.10
Carbonate de chaux............................	0.80	0.65

Cette terre ocreuse et légèrement rosée est dure après dessiccation; elle est pauvre en humus, en azote et surtout en potasse, avec une quantité un peu plus élevée d'acide phosphorique; elle n'offre que peu de ressources culturales.

N° (74–3). Ambohibazaha (5 kilomètres à l'est du poste).

Forêt. Vallée de la rivière Ampitomito. Altitude : 900 mètres. 100 hectares. *Sous-sol.* Toute la région se compose du même terrain. Terre sablonneuse, micacé. Terrain mouvant pendant la saison des pluies.

L'échantillon renfermait pour 1,000 de terre :

Terre fine..	749.0
Cailloux..	251.0 (siliceux).

1,000 de terre contiennent :

	TERRE FINE.	TERRE BRUTE.
Azote..	0.81	0.61
Acide phosphorique............................	1.08	0.81
Potasse.......................................	5.00	3.74
Carbonate de chaux............................	5.00	3.74

Cette terre jaunâtre et micacée est friable après dessiccation; elle contient sensiblement d'humus, d'azote et d'acide phosphorique et beaucoup de potasse.

N° (71–4). Ambohibazaha.

Fougères. Sommet de la montagne. Altitude : 1,500 mètres. 10 hectares. Toute la région se compose du même terrain. Sol contenant très peu de fer, se comportant très bien pendant la saison des pluies.

L'échantillon renfermait pour 1,000 de terre :

Terre fine..	745.0
Cailloux..	255.0

1,000 de terre contiennent :

	TERRE FINE.	TERRE BRUTE.
Azote..	0.30	0.22
Acide phosphorique................................	0.61	0.45
Potasse...	0.71	0.53
Carbonate de chaux................................	traces.	traces.

Cette terre ocreuse est assez dure et peu friable après dessiccation; elle est pauvre en humus et en azote, peu riche en acide phosphorique et en potasse, sans grandes ressources pour la culture.

N° (75-5). Lit du Mangarano.

Forêt. Vallée du Mangarano. Altitude : 910 mètres. 200 hectares. Toute la région est formée du même terrain. Terrain granitique, quartzeux, solide pendant les pluies.

L'échantillon renfermait pour 1,000 de terre :

Terre fine...	650.0
Cailloux...	350.0 (siliceux).

1,000 de terre contiennent :

	TERRE FINE.	TERRE BRUTE.
Azote..	0.06	0.04
Acide phosphorique................................	0.50	0.32
Potasse...	0.76	0.49
Carbonate de chaux................................	0.80	0.52

Cette terre, très ocreuse, est un peu friable après dessiccation; elle ne contient pas d'humus ni d'azote; peu d'acide phosphorique, avec un peu plus de potasse. Elle est peu propre à la mise en culture.

N° (72-6). Ambohibazaha.

Sommet de colline. 1,600 mètres d'altitude. Végétation spontanée, bruyère. Région uniforme. 50 hectares. 4 kilomètres à l'Ouest du poste d'Ambohibazaha. Sol inculte, solide pendant les pluies.

L'échantillon renfermait pour 1,000 de terre :

Terre fine...	626.0
Cailloux...	374.0 (siliceux).

1,000 de terre contiennent :

	TERRE FINE.	TERRE BRUTE.
Azote..	0.31	0.19
Acide phosphorique................................	0.45	0.28
Potasse...	2.06	1.29
Carbonate de chaux................................	traces.	traces.

Cette terre, d'un gris sale et micacée, est très friable après dessiccation; elle est pauvre en humus, en azote et en acide phosphorique, avec des quantités assez fortes de potasse. Elle offre peu de ressources pour la culture.

En considérant ces résultats dans leur ensemble, le vaste massif constituant l'Imerina nous apparaît comme peu propre à être transformé en une région d'exploitation agricole intensive; son sol, en général, est très pauvre; l'acide phosphorique, la potasse et la chaux lui manquent; l'humus et l'azote y sont peu abondants; cependant, il y a des exceptions et elles sont assez nombreuses. En effet, si les sommets et les flancs des coteaux doivent être regardés comme impropres à une culture continue, il n'en est pas de même des vallées, où se trouvent ordinairement des accumulations de terres assez riches pour pouvoir être mises en culture.

Dans les parties déshéritées, tous les éléments fertilisants manquent à la fois.

L'azote, il est vrai, peut dans une certaine mesure être apporté par l'atmosphère; son absence, tout en excluant une fertilité immédiate, ne condamne pas d'une façon absolue une terre à une stérilité perpétuelle.

Mais il en est autrement des principes minéraux; l'acide phosphorique, la potasse et la chaux ne sont pas apportés par des causes naturelles; et, quand ils existent en aussi faibles proportions que dans un grand nombre des terres examinées, celles-ci n'offrent aucune ressource à la culture; telles qu'elles se présentent, elles ne constituent en réalité qu'une place au soleil, mais n'ont pas de valeur intrinsèque.

Si l'on n'envisage que les mamelons et les coteaux qui occupent la surface de beaucoup la plus considérable, on peut dire, d'après l'ensemble de nos résultats analytiques, que l'Imerina est déshéritée sous le rapport de la teneur en principes fertilisants et n'offre pas, dans la majeure partie de ses terres, des réserves de fertilité suffisantes pour qu'une colonisation intensive puisse y prospérer.

En outre, la nature physique de ces terres compactes et imperméables, se prenant en pâte par la pluie et se durcissant par la sécheresse, les rend difficiles à travailler; elles se ravinent par les eaux pluviales qui courent à leur surface et se crevassent pendant la période sèche.

Il nous paraît donc hasardeux d'établir des cultures dans les terres placées dans de pareilles conditions et les essais que l'on voudrait faire dans ce sens ne devraient l'être que sur une petite échelle.

M. Alfr. Grandidier avait déjà appelé l'attention sur l'aridité de ces terres rouges du massif central et sur l'inopportunité de leur mise en exploitation [1].

Il a été souvent question de la possibilité de tirer parti des terres de l'Imerina et particulièrement des surfaces en coteaux pour y développer une végétation forestière, c'est-à-dire de les boiser.

Cette manière de voir repose sur l'idée que ces terrains étaient autrefois couverts de forêts, détruites probablement par les incendies que provoquaient les indigènes. Aussi, parle-t-on en réalité, non de boiser ces vastes surfaces, mais plutôt de les reboiser, c'est-à-dire de les reconstituer dans l'état qu'on suppose avoir existé autrefois.

Notre pensée est que les sacrifices qu'on ferait dans ce sens ne donneraient pas de résultats satisfaisants.

D'ailleurs, la supposition que ces terres était autrefois boisées ne nous paraît pas fondée.

En effet, d'après leur examen, nous ne pensons pas qu'elles ont été couvertes

[1] *Comptes rendus de l'Académie des sciences*, t. CXVIII.

anciennement d'une végétation plantureuse. Si celle-ci avait jamais existé, elle eût laissé dans le sol des traces profondes. On y trouverait des accumulations de débris végétaux d'une décomposition plus ou moins avancée. La matière organique y aurait persisté, parce que ces terres, formées d'une argile compacte et dépourvue de calcaire, ne sont pas susceptibles de détruire et de faire disparaître rapidement les débris végétaux qui s'y trouvent. Ce sont des terres où la combustion de la matière organique est extrêmement lente et, à notre avis, elles n'ont pas dû porter, tout au moins dans la période géologique actuelle, plus de végétation qu'elles n'en portent aujourd'hui.

Nous nous rencontrons dans cette manière de voir avec M. Alfr. Grandidier, dont les observations sur cette question remontent à de longues années déjà.

Ce que nous venons de dire s'adresse plus particulièrement aux terres rouges des mamelons, c'est-à-dire aux immenses surfaces qui occupent la majeure partie du massif central de l'île et qui donnent à tout ce pays sa physionomie particulière.

Mais les vallées et les bas-fonds, qui occupent des surfaces d'une certaine importance, se présentent dans de bien meilleures conditions; on est en droit d'espérer, d'après les résultats analytiques, qu'ils sont susceptibles d'être fructueusement exploités.

Les eaux de pluies, courant à la surface des terrains en pente, ont accumulé dans ces cuvettes les éléments fins les plus riches enlevés aux flancs des coteaux. Là, on rencontre souvent une grande fertilité due aux résidus des végétations antérieures, qui ont en quelque sorte centralisé les éléments utiles des terrains avoisinants et qui ont formé de l'humus, dont l'effet est de rendre les terres plus meubles et plus perméables et, par suite, plus faciles à exploiter.

Enfin le sol y garde une certaine fraîcheur qui exalte encore sa fertilité.

Quand l'eau s'y accumule en trop grande quantité, par suite de l'imperméabilité du sous-sol, ces fonds de vallées sont fréquemment transformés en marais et ne peuvent alors être mis en culture qu'après un assainissement.

Cependant, il faut ajouter qu'ils sont généralement cultivés en rizières et la culture en gradins, qui est fréquemment pratiquée, assure l'écoulement normal des eaux.

C'est sur les fonds de vallées que le colon doit exclusivement porter ses efforts.

Il ne faut pas oublier pourtant que beaucoup de vallées sont étroites et n'offrent pas des surfaces d'un seul tenant assez étendues pour que la grande colonisation s'y établisse. Elles conviennent plutôt à la petite culture.

Dans les lieux cultivés par les indigènes et particulièrement dans ceux qui sont situés à proximité des villages, il n'est pas rare de rencontrrde es terrains très riches, où se sont accumulées les fumures qui ont graduellement transformé le sol, particulièrement les cendres végétales, qui apportent la potasse, l'acide phosphorique et la chaux, dont les terres de l'Imerina sont peu pourvues. Aussi trouve-t-on souvent des endroits où la culture maraîchère est pratiquée avec succès.

Mais ce sont là des cas isolés, des conditions exceptionnelles; ils n'infirment pas le jugement que nous portons sur l'ensemble des terres de l'Imerina et qui se déduit de la constatation d'une pauvreté très grande en principes fertilisants.

En résumé, l'Imerina ne nous semble pas pouvoir se prêter à l'installation de grandes exploitations agricoles, mais la petite colonisation pourra tirer parti des points privilégiés et particulièrement des vallées, où les terres sont plus riches et où l'eau ne fait pas défaut.

BETSILEO.

Limites. — Au Nord, cercle de Betafo et la province d'Ambositra ; à l'Est, province de Mananjary ; au Sud, province de Farafangana et cercle des Bara et des Tanala ; à l'Ouest, la province de Morondava.

Topographie générale. — La province est traversée du nord au sud par l'arête faîtière de l'île que jalonnent un certain nombre de pics élevés. Des contreforts se détachent de cette chaîne et rayonnent à l'Est et à l'Ouest. Le pays est assez abondamment arrosé, principalement sur le versant Ouest. Le principal cours d'eau est la Matsiatra qui prend plus loin le nom de Mangoka et se jette dans le canal de Mozambique.

Climat. — Il peut compter parmi les plus salubres de l'île. La saison sèche est relativement froide et exige des vêtements en drap. La saison pluvieuse est moins désagréable qu'en Imerina, car les pluies et les orages, pour être violents, sont moins prolongés. Les températures extrêmes sont + 3° et + 28°. En hiver la moyenne oscille entre 15° et 20° et en été entre 20° et 25°. La température moyenne de l'année est de 20°. L'Européen vit dans d'excellentes conditions au pays Betsileo.

Géologie. — Les terrains ont la nature et la composition générales de ceux de l'Imerina et se classent parmi les terrains cristallins (gneiss, micaschites, cipolins et phyllades). Les terrains sédimentaires (argiles, grès, calcaires) n'apparaissent qu'assez loin dans l'Ouest.

Commerce et industrie. — Le commerce est très actif, surtout à Fianarantsoa, capitale de la province, où il est comparable à celui de Tananarive, proportionnellement à la population. Importations et exportations nombreuses. Les importations qui sont faites principalement par le commerce français atteignent environ 2 millions par an et tendent à augmenter.

L'industrie indigène tend à se développer depuis la création de l'école professionnelle de Fianarantsoa. Un certain nombre d'indigènes sont employés aux exploitations aurifères.

Voies de communication. — Route carrossable de Tananarive à Fianarantsoa ; nombreuses routes muletières.

Ressources naturelles. — Gisements aurifères, minerais de cuivre à Ambatofangehana.

Colonisation. — En voie d'accroissement.

N° (1893–1). Fianarantsoa. Sous-sol. Terre rouge prise à 3 mètres de profondeur.

L'échantillon renfermait pour 1,000 de terre :

Terre fine. 921.0
Cailloux. . . . . 79.0 (siliceux).

1,000 de terre contiennent :

	TERRE FINE.	TERRE BRUTE.
Azote.	0.38	0.35
Acide phosphorique.	1.00	0.92
Potasse	1.56	1.44
Carbonate de chaux.	traces.	traces.

Cette terre ocreuse est dure après dessiccation; elle contient très peu d'humus et d'azote et sensiblement d'acide phosphorique et de potasse.

N° (1893-2). Filon de terre jaune se trouvant à 2 mètres de profondeur (parc de la résidence).

L'échantillon renfermait pour 1,000 de terre :

Terre fine.	851.0
Cailloux.	149.0 (siliceux).

1,000 de terre contiennent :

	TERRE FINE.	TERRE BRUTE.
Azote.	0.11	0.09
Acide phosphorique	0.70	0.60
Potasse	2.49	2.12
Carbonate de chaux	traces.	traces.

Cette terre d'un blanc jaunâtre est un peu friable après dessiccation; elle est dépourvue d'humus et d'azote; elle est peu riche en acide phosphorique, mais riche en potasse. Ce sous-sol est probablement un filon d'origine granitique, il est très différent des terres qui le recouvrent.

N° (1893-3). Terre prise dans une caféerie ancienne et encore prospère.

L'échantillon renfermait pour 1,000 de terre :

Terre fine.	905.0
Cailloux.	95.0 (siliceux).

1,000 de terre contiennent :

	TERRE FINE.	TERRE BRUTE.
Azote.	1.61	1.46
Acide phosphorique	2.75	2.49
Potasse	1.97	1.78
Carbonate de chaux	traces.	traces.

Cette terre a l'aspect d'une terre arable; elle est très friable après dessiccation; elle est riche en humus et en azote, très riche en acide phosphorique et en potasse. Elle représente une terre de bonne fertilité.

N° (1893-4). Terre végétale, prise à o m. 80 de profondeur. (Jardin de la Résidence.)

L'échantillon renfermait pour 1,000 de terre :

Terre fine.	850.0
Cailloux.	150.0 (siliceux).

1,000 de terre contiennent :

	TERRE FINE.	TERRE BRUTE.
Azote.	1.70	1.45
Acide phosphorique	2.13	1.81
Potasse.	2.91	2.47
Carbonate de chaux.	traces.	traces.

Cette terre a l'aspect d'une terre arable ; elle est très friable après dessiccation ; elle est riche en humus et en azote, très riche en acide phosphorique et en potasse ; elle doit être regardée comme très fertile.

N° (1893–5). Terre de vallée. Terre prise à 4 m. 50 de profondeur.

L'échantillon renfermait pour 1,000 de terre :

Terre fine.. 818.0
Cailloux... 182.0 (siliceux).

1,000 de terre contiennent :

	TERRE FINE.	TERRE BRUTE.
Azote....................................	0.68	0.56
Acide phosphorique.......................	1.92	1.57
Potasse.................................	2.29	1.87
Carbonate de chaux......................	traces.	traces.

Cette terre a l'aspect d'une terre arable ; elle est très friable après dessiccation ; elle contient sensiblement d'humus et d'azote ; elle est riche en acide phosphorique et en potasse. Elle serait transformée par la culture en terre de bonne qualité.

N° (1893–6). Terre de vallée. 4 mètres de profondeur.

L'échantillon renfermait pour 1,000 de terre :

Terre fine.. 812.0
Cailloux... 188.0 (siliceux).

1,000 de terre contiennent :

	TERRE FINE.	TERRE BRUTE.
Azote....................................	1.07	0.87
Acide phosphorique.......................	2.33	1.80
Potasse.................................	2.07	1.68
Carbonate de chaux......................	traces.	traces.

Cette terre a l'aspect d'une terre arable foncée ; elle est très friable après dessiccation ; elle est sensiblement riche en humus et en azote, très riche en acide phosphorique et en potasse. Elle serait, comme la précédente, transformée en bonne terre pour la culture.

N° (1893–7). Terre prise dans un champ de patates douces.

L'échantillon renfermait pour 1,000 de terre :

Terre fine.. 861.0
Cailloux... 139.0 (siliceux).

1,000 de terre contiennent :

	TERRE FINE.	TERRE BRUTE.
Azote....................................	1.51	1.30
Acide phosphorique.......................	1.66	1.43
Potasse.................................	0.85	0.73
Carbonate de chaux......................	traces.	traces.

Cette terre a l'aspect d'une terre arable; elle est très friable après dessiccation; elle est bien pourvue d'humus, d'azote et d'acide phosphorique, avec une quantité sensible de potasse. Elle a les éléments d'une bonne terre de culture ordinaire.

N° (1893–8). Terre des pâturages naturels, prise sur le flanc des collines.

L'échantillon renfermait pour 1,000 de terre :

Terre fine..	940.0
Cailloux...	60.0 (siliceux).

1,000 de terre contiennent :

	TERRE FINE.	TERRE BRUTE.
Azote..	1.94	1.82
Acide phosphorique................................	3.45	3.24
Potasse...	1.22	1.15
Carbonate de chaux................................	traces.	traces.

Cette terre a l'aspect d'une terrre arable et elle est très friable après dessiccation; elle contient des débris organiques; elle est très bien pourvue d'humus, d'azote, d'acide phosphorique et contient sensiblement de potasse. Elle serait susceptible de fournir une bonne terre de culture.

N° (1893–9). Terre végétale de jardin.

L'échantillon renfermait pour 1,000 de terre :

Terre fine...	822.0
Cailloux..	178.0 (siliceux)

1,000 de terre contiennent :

	TERRE FINE.	TERRE BRUTE.
Azote...	2.06	1.69
Acide phosphorique................................	3.14	2.58
Potasse...	2.75	2.26
Carbonate de chaux................................	traces.	traces.

Cette terre est très bien pourvue d'éléments fertilisants et doit être regardée comme une terre végétale très riche.

N° (1893–10). Terre violette. Filon traversant des couches argileuses.

L'échantillon renfermait pour 1,000 de terre :

Terre fine...	921.0
Cailloux..	79.0 (siliceux).

1,000 de terre contiennent :

	TERRE FINE.	TERRE BRUTE.
Azote...	0.10	0.09
Acide phosphorique................................	0.26	0.24
Potasse...	0.77	0.71
Carbonate de chaux................................	traces.	traces.

Cette terre violacée, micacée, est très friable après dessiccation ; elle est très pauvre en acide phosphorique, mais contient des proportions sensibles de potasse. Ce filon, qui traverse des couches argileuses, doit être regardé comme impropre à la culture.

N° (1893–11). Lignite(?).

L'échantillon ne renfermait pas de cailloux.
1,000 de terre contiennent :

Azote	6.8₁
Acide phosphorique	1.96
Potasse	0.80
Carbonate de chaux	traces.

Ce terreau, formé en majeure partie de débris végétaux décomposés, est très riche en azote, riche en acide phosphorique et contient sensiblement de potasse. Par la culture et les chaulages, il pourrait donner une terre de grande fertilité ; on pourrait peut-être l'employer comme amendement.

N° (1893–12). Filon de terre jaune traversant des couches argileuses.

L'échantillon renfermait pour 1,000 de terre :

Terre fine	898.0
Cailloux	102.0 (siliceux).

1,000 de terre contiennent :

	TERRE FINE.	TERRE BRUTE.
Azote	0.70	0.63
Acide phosphorique	5.75	5.16
Potasse	3.90	3.50
Carbonate de chaux	traces.	traces.

Cette terre, d'un jaune vif, est très friable après dessiccation ; elle est peu riche en humus et en azote, mais très riche en acide phosphorique et en potasse. La culture pourrait en faire une terre de bonne production.

N° (1893–13). Sous-sol. Terre rouge prise à 8 mètres de profondeur.

L'échantillon renfermait pour 1,000 de terre :

Terre fine	869.0
Cailloux	131.0 (siliceux).

1,000 de terre contiennent :

	TERRE FINE.	TERRE BRUTE.
Azote	0.25	0.22
Acide phosphorique	0.94	0.82
Potasse	0.88	0.76
Carbonate de chaux	traces.	traces.

Ce sous-sol, d'un jaune ocreux, est assez friable après dessiccation ; il est très pauvre

en humus et en azote, mais contient sensiblement d'acide phosphorique et de potasse;
il offre un certain fonds de fertilité.

Nº (1893–14). Terre de caféerie ancienne devenue stérile.

L'échantillon renfermait pour 1,000 de terre :

Terre fine.. 926.0
Cailloux .... 74.0 (siliceux).

1,000 de terre contiennent :

	TERRE FINE.	TERRE BRUTE.
Azote..	1.40	1.30
Acide phosphorique..................................	6.07	5.62
Potasse..	3.36	3.11
Carbonate de chaux	traces.	traces.

Cette terre a l'aspect d'une terre arable foncée; elle est dure après dessiccation; elle
est riche en humus et en azote, très riche en acide phosphorique et en potasse;
c'est évidemment une terre de grande ressource. Elle est signalée comme une terre de
caféerie ancienne, devenue stérile; cette stérilité ne tient certainement pas à sa composition, mais à des conditions spéciales; il est probable que d'autres cultures y de-
viendraient très prospères.

Nº (1893–15). Terre de vallée. Terre prise à 1 mètre de profondeur.

L'échantillon renfermait pour 1,000 de terre :

Terre fine.. 825.0
Cailloux .... 175.0 (siliceux).

1,000 de terre contiennent :

	TERRE FINE.	TERRE BRUTE.
Azote..	1.80	1.48
Acide phosphorique..................................	2.97	2.45
Potasse..	2.51	2.07
Carbonate de chaux..................................	traces.	traces.

Cette terre a l'aspect d'une terre arable très foncée; elle est friable après dessiccation; elle est très riche en humus et en azote, de même qu'en acide phosphorique
et en potasse.

Nº 274. Tanala. Isaranatango.
Sous-sol. Parc de la résidence de Fianarantsoa.

L'échantillon ne renfermait pas de cailloux.
1,000 de terre contiennent :

Azote.. 0.74
Acide phosphorique.................................. 1.24
Potasse.. 0.20
Carbonate de chaux.................................. traces.

Cette terre ocreuse est dure après dessiccation ; elle est peu riche en humus et en azote, sensiblement riche en acide phosphorique, très pauvre en potasse. Elle possède quelques ressources.

N° 55. Fianarantsoa.
Pris à Mon-Repos, chez M. Julien, administrateur adjoint.

L'échantillon renfermait pour 1,000 de terre :

Terre fine. 891.7
Cailloux. . . . . 108.3 (siliceux).

1,000 de terre contiennent :

	TERRE FINE.	TERRE BRUTE.
Azote.	1.60	1.43
Acide phosphorique.	0.50	0.44
Potasse.	0.42	0.37
Carbonate de chaux	0.80	0.71

Cette terre ocreuse et foncée contient quelques débris végétaux ; elle est dure, mais un peu friable après dessiccation ; elle est bien pourvue d'humus et d'azote, mais contient peu d'acide phosphorique et de potasse. Elle ne semble pas avoir un grand fonds de fertilité.

N° 56. Fianarantsoa n° 1.

L'échantillon renfermait pour 1,000 de terre :

Terre fine. 925.0
Cailloux. . . . . 75.0 (siliceux).

1,000 de terre contiennent :

	TERRE FINE.	TERRE BRUTE.
Azote.	1.03	0.95
Acide phosphorique.	0.24	0.22
Potasse.	0.34	0.31
Carbonate de chaux	0.80	0.74

Cette terre ocreuse est dure après dessiccation ; elle est sensiblement pourvue d'humus et d'azote, mais très pauvre en acide phosphorique et en potasse. Elle offre de faibles ressources à la culture.

N° 271. Ialananindro.
Colline.

L'échantillon ne renfermait pas de cailloux.
1,000 de terre contiennent :

Azote. 0.32
Acide phosphorique. 0.23
Potasse 0.19
Carbonate de chaux. . . . . traces.

Cette terre est de couleur ocreuse légèrement violacée ; elle est assez dure après dessiccation ; elle est très pauvre en humus, en azote, en acide phosphorique et en potasse ; elle ne présente que de très faibles ressources à la culture.

N° 280. Ankarimalaza.
Colline.

L'échantillon ne renfermait pas de cailloux.
1,000 de terre contiennent :

Azote	0.22
Acide phosphorique	0.51
Potasse	0.07
Carbonate de chaux	traces.

Cette terre ocreuse d'un rouge vif est dure après dessiccation ; elle est très pauvre en humus et en azote, pauvre en acide phosphorique, extrêmement pauvre en potasse ; elle ne présente que de très faibles ressources.

N° 291. Mitongoa.
Flanc de coteau.

L'échantillon renfermait pour 1,000 de terre :

Terre fine	860.0
Cailloux	140.0 (siliceux).

1,000 de terre contiennent :

	TERRE FINE.	TERRE BRUTE.
Azote	0.18	0.15
Acide phosphorique	0.19	0.16
Potasse	0.12	0.10
Carbonate de chaux	traces.	traces.

Cette terre violacée, légèrement talqueuse, est assez dure après dessiccation ; elle est très pauvre en humus, en azote, en acide phosphorique et en potasse. Elle ne présente aucune ressource pour la culture.

N° 272. Fandrandava.
Vallée.

L'échantillon renfermait pour 1,000 de terre :

Terre fine	500.0
Cailloux	500.0 (siliceux).

1,000 de terre contiennent :

	TERRE FINE.	TERRE BRUTE.
Azote	0.20	0.10
Acide phosphorique	2.67	1.33
Potasse	0.17	0.09
Carbonate de chaux	traces.	traces.

Cette terre ocreuse, légèrement violacée et contenant beaucoup de mica, est assez dure après dessiccation ; elle est très pauvre en humus, en azote et en potasse, riche en acide phosphorique. Elle ne peut être que peu fertile, malgré sa richesse en acide phosphorique.

Nº 306. Mahasoabé.
Forêt.

L'échantillon ne renfermait pas de cailloux.
1,000 de terre contiennent :

Azote	0.13
Acide phosphorique	1.31
Potasse	0.10
Carbonate de chaux	traces.

Cette terre de couleur violacée est peu friable après dessiccation ; elle est extrêmement pauvre en azote et en humus, assez riche en acide phosphorique et très pauvre en potasse. Elle présente peu de ressources.

Nº 273. Ankarinarivo.
Flanc de coteau.

L'échantillon renfermait pour 1,000 de terre :

Terre fine	940.0
Cailloux	60.0 (siliceux).

1,000 de terre contiennent :

	TERRE FINE.	TERRE BRUTE.
Azote	0.47	0.44
Acide phosphorique	0.23	0.22
Potasse	0.22	0.21
Carbonate de chaux	traces.	traces.

Cette terre est de couleur ocreuse, légèrement violacée ; elle est assez dure après dessiccation ; elle est pauvre en humus et en azote, très pauvre en acide phosphorique et en potasse ; ses ressources sont très faibles.

Nº 278. Iavomanitra.
Flanc de coteau.

L'échantillon renfermait pour 1,000 de terre :

Terre fine	850.0
Cailloux	150.0 (siliceux).

1,000 de terre contiennent :

	TERRE FINE.	TERRE BRUTE.
Azote	0.56	0.48
Acide phosphorique	0.23	0.20
Potasse	0.07	0.06
Carbonate de chaux	traces.	traces.

Cette terre jaune est assez friable après dessiccation; elle est pauvre en humus et en azote, très pauvre en acide phosphorique, extrêmement pauvre en potasse; elle ne présente aucune ressource de fertilité.

N° 296. Iadimanga.
Colline.

L'échantillon renfermait pour 1,000 de terre :

Terre fine...	910.0
Cailloux...	90.0 (siliceux).

1,000 de terre contiennent :

	TERRE BRUTE.	TERRE FINE.
Azote....................................	0.62	0.56
Acide phosphorique....................	0.44	0.40
Potasse..................................	0.07	0.06
Carbonate de chaux....................	traces.	traces.

Cette terre jaunâtre est assez dure après dessiccation; elle renferme peu d'humus et d'azote, peu d'acide phosphorique, extrêmement peu de potasse. Elle présente de très faibles ressources.

N° 282. Ankaronosy.
Colline.

L'échantillon ne renfermait pas de cailloux.
1,000 de terre contiennent :

Azote....................................	0.22
Acide phosphorique....................	0.63
Potasse..................................	0.10
Carbonate de chaux....................	traces.

Cette terre ocreuse violacée est assez dure après dessiccation; elle est très pauvre en humus, en azote et en potasse, pauvre en acide phosphorique. Ses resources sont faibles.

N° 308. Soarano.
Vallée.

L'échantillon ne renfermait pas de cailloux.
1,000 de terre contiennent :

Azote....................................	0.80
Acide phosphorique....................	0.23
Potasse..................................	0.14
Carbonate de chaux....................	traces.

Cette terre de couleur ocreuse est assez dure après dessiccation; elle est peu riche en humus et en azote, très pauvre en acide phosphorique ainsi qu'en potasse. Elle ne présente que de très faibles ressources.

MM. Müntz et Rousseaux.　　　　　　　　　　　6

Nº 287. Ambohitrandrazana.
Colline.

L'échantillon ne renfermait pas de cailloux.
1,000 de terre contiennent :

Azote.. 0.91
Acide phosphorique.. 0.52
Potasse... 0.10
Carbonate de chaux.. traces.

Cette terre ocreuse est assez friable après dessiccation ; elle contient sensiblement d'humus et d'azote, peu d'acide phosphorique, très peu de potasse. Elle ne présente que de faibles ressources pour la culture.

Nº 307. Imahazoarivo.
Flanc de coteau.

L'échantillon ne renfermait pas de cailloux.
1,000 de terre contiennent :

Azote.. 0.19
Acide phosphorique.. 4.06
Potasse... 0.19
Carbonate de chaux.. traces.

Cette terre de couleur ocreuse jaunâtre est assez dure après dessiccation ; elle est extrêmement pauvre en humus et en azote, très riche en acide phosphorique et très pauvre en potasse. Elle serait susceptible de quelque fertilité en raison de la forte proportion d'acide phosphorique qu'elle contient.

Nº 284. Ambohimanjaka.
Colline.

L'échantillon ne renfermait pas de cailloux.
1,000 de terre contiennent :

Azote.. 0.27
Acide phosphorique.. 1.15
Potasse... 0.15
Carbonate de chaux.. traces.

Cette terre jaunâtre ocreuse est dure après dessiccation ; elle est très pauvre en humus, en azote et en potasse, sensiblement riche en acide phosphorique. Elle ne présente cependant que de faibles ressources.

Nº 298. Ilalazana.
Flanc de coteau.

L'échantillon ne renfermait pas de cailloux.

1,000 de terre contiennent :

    Azote.. 0.30
    Acide phosphorique... 0.27
    Potasse.. 0.15
    Carbonate de chaux... traces.

Cette terre ocreuse jaunâtre est dure après dessiccation ; elle est très pauvre en humus, en azote, en acide phosphorique et en potasse. Elle ne présente aucune ressource.

N° 286. Analamasina.
Forêt.

L'échantillon renfermait pour 1,000 de terre :

    Terre fine... 520.0
    Cailloux... 480.0 (siliceux).

1,000 de terre contiennent :

	TERRE FINE.	TERRE BRUTE.
Azote..	0.90	0.47
Acide phosphorique.................................	0.29	0.15
Potasse..	0.15	0.08
Carbonate de chaux.................................	traces.	traces.

Cette terre arable ocreuse est assez friable après dessiccation ; elle est sensiblement riche en humus et en azote, très pauvre en acide phosphorique et en potasse. Elle ne présente aucune ressource pour la culture.

N° 283. Tsarafidy.
Flanc de coteau.

L'échantillon ne renfermait pas de cailloux.
1,000 de terre contiennent :

    Azote.. 0.28
    Acide phosphorique... 1.89
    Potasse.. 0.14
    Carbonate de chaux... traces.

Cette terre jaunâtre est assez friable après dessiccation ; elle est très pauvre en humus, en azote et en potasse, riche en acide phosphorique. Elle présente quelques ressources, en raison de la proportion élevée d'acide phosphorique.

N° 297. Andrainjato.
Vallée.

L'échantillon ne renfermait pas de cailloux.
1,000 de terre contiennent :

    Azote.. 0.25
    Acide phosphorique... 0.44
    Potasse.. 0.15
    Carbonate de chaux... traces.

Cette terre ocreuse, d'un rouge vif, est assez dure après dessiccation; elle est très pauvre en humus et en azote, pauvre en acide phosphorique, très pauvre en potasse. Elle présente de faibles ressources.

N° 304. Ambohinamboarina.
Flanc de coteau.

L'échantillon renfermait pour 1,000 de terre :

Terre fine..	800.0
Cailloux	200.0 (siliceux).

1,000 de terre contiennent :

	TERRE FINE.	TERRE BRUTE.
Azote..	1.22	0.98
Acide phosphorique................................	0.42	0.34
Potasse..	0.27	0.22
Carbonate de chaux...............................	traces.	traces.

Cette terre ocreuse est peu friable après dessiccation; elle renferme sensiblement d'humus et d'azote, peu d'acide phosphorique et de potasse. Elle présente de très faibles ressources.

N° 277. Ikalamavony.
Plaine.

L'échantillon ne renfermait pas de cailloux.
1,000 de terre contiennent :

Azote..	0.44
Acide phosphorique...............................	0.27
Potasse..	0.17
Carbonate de chaux...............................	traces.

Cette terre ocreuse est dure après dessiccation; elle est pauvre en humus et en azote, très pauvre en acide phosphorique et en potasse; elle ne présente que de très faibles ressources.

N° 305. Lamosina.
Plaine.

L'échantillon ne renfermait pas de cailloux.
1,000 de terre contiennent :

Azote..	0.33
Acide phosphorique...............................	1.55
Potasse..	0.12
Carbonate de chaux...............................	traces.

Cette terre de couleur ocreuse est dure après dessiccation; elle est très pauvre en humus, en azote et en potasse, riche en acide phosphorique. Elle présente quelques ressources.

N° 295. Andrainarivo.
Colline.

L'échantillon ne renfermait pas de cailloux.
1,000 de terre contiennent :

Azote... 0.25
Acide phosphorique... 0.73
Potasse.. 0.10
Carbonate de chaux... traces.

Cette terre jaunâtre est assez dure après dessiccation ; elle est pauvre en humus et en azote, peu riche en acide phosphorique, extrêmement pauvre en potasse et ne présente que de faibles ressources.

N° 290. Sangasanga.
Colline.

L'échantillon renfermait pour 1,000 de terre :

Terre fine... 850.0
Cailloux... 150.0 (siliceux).

1,000 de terre contiennent :

	TERRE FINE.	TERRE BRUTE.
Azote	0.53	0.45
Acide phosphorique	0.27	0.23
Potasse	0.12	0.10
Carbonate de chaux	traces.	traces.

Cette terre jaunâtre est assez friable après dessiccation ; elle est pauvre en humus et en azote, très pauvre en acide phosphorique et en potasse ; elle n'offre pas de ressources pour la culture.

N° 293. Midongy.
Flanc de coteau.

L'échantillon renfermait pour 1,000 de terre :

Terre fine... 780.0
Cailloux... 220.0 (siliceux).

1,000 de terre contiennent :

	TERRE FINE.	TERRE BRUTE.
Azote	0.75	0.58
Acide phosphorique	0.28	0.22
Potasse	0.07	0.05
Carbonate de chaux	traces.	traces.

Cette terre ocreuse jaunâtre est très friable après dessiccation ; elle est peu riche en humus et en azote, très pauvre en acide phosphorique, extrêmement pauvre en potasse. Elle ne présente aucune ressource.

N° 299. Fiehana.
Flanc de coteau.

L'échantillon ne renfermait pas de cailloux.
1,000 de terre contiennent :

Azote	0.42
Acide phosphorique	0.65
Potasse	0.12
Carbonate de chaux	traces.

Cette terre ocreuse d'un rouge vif est dure après dessiccation ; elle est pauvre en humus, en azote et en acide phosphorique, très pauvre en potasse. Elle présente de faibles ressources.

N° 368. Maroparasy.
Vallée.

L'échantillon ne renfermait pas de cailloux.
1,000 de terre contiennent :

Azote	0.95
Acide phosphorique	0.30
Potasse	0.05
Carbonate de chaux	traces.

Cette terre ocreuse est un peu friable après dessiccation ; elle contient sensiblement d'humus et d'azote, peu d'acide phosphorique, extrêmement peu de potasse ; elle présente de très faibles ressources.

N° 276. Vondrokely.
Flanc de coteau.

L'échantillon ne renfermait pas de cailloux.
1,000 de terre contiennent :

Azote	0.17
Acide phosphorique	0.45
Potasse	0.14
Carbonate de chaux	traces.

Cette terre ocreuse est dure après dessiccation ; elle est très pauvre en humus, en azote et en potasse, pauvre en acide phosphorique. Elle ne présente que de faibles ressources.

N° 302. Ambatosoa.
Flanc de coteau.

L'échantillon renfermait pour 1,000 de terre :

Terre fine	810.0
Cailloux	190.0 (siliceux).

1,000 de terre contiennent :

	TERRE FINE.	TERRE BRUTE.
Azote..	0.48	0.39
Acide phosphorique................................	0.37	0.27
Potasse..	0.14	0.11
Carbonate de chaux..............................	traces.	traces.

Cette terre jaunâtre est dure après dessiccation ; elle est pauvre en humus et en azote, très pauvre en acide phosphorique et en potasse. Elle ne présente aucune ressource.

N° 294. Beanana.
Vallée.

L'échantillon renfermait pour 1,000 de terre :

Terre fine...	920.0
Cailloux...	80.0 (siliceux).

1,000 de terre contiennent :

	TERRE FINE.	TERRE BRUTE.
Azote..	0.49	0.45
Acide phosphorique................................	0.51	0.47
Potasse..	0.10.	0.69
Carbonate de chaux..............................	traces.	traces.

Cette terre ocreuse jaunâtre est assez dure après dessiccation ; elle renferme peu d'humus, d'azote et d'acide phosphorique, extrêmement peu de potasse. Elle présente de très faibles ressources.

N° 300. Vohitrosy.
Flanc de coteau.

L'échantillon ne renfermait pas de cailloux.
1,000 de terre contiennent :

Azote..	0.70
Acide phosphorique..	0.97
Potasse..	0.14
Carbonate de chaux.......................................	traces.

Cette terre ocreuse est dure après dessiccation ; elle est peu riche en humus et en azote, contient sensiblement d'acide phosphorique, très peu de potasse. Elle présenterait quelques ressources.

N° 285. Manampy.
Flanc de coteau.

L'échantillon ne renfermait pas de cailloux.
1,000 de terre contiennent :

Azote..	0.76
Acide phosphorique..	0.40
Potasse..	0.14
Carbonate de chaux.......................................	traces.

Cette terre arable ocreuse est assez dure après dessiccation ; elle est peu riche en humus et en azote, pauvre en acide phosphorique, très pauvre en potasse. Elle ne présente que de très faibles ressources.

N° 275. Kilonjy.
Vallée.

L'échantillon ne renfermait pas de cailloux.
1,000 de terre contiennent :

Azote.	0.54
Acide phosphorique.	0.45
Potasse.	0.15
Carbonate de chaux.	traces.

Cette terre ocreuse est assez dure après dessiccation ; elle est pauvre en humus, en azote et en acide phosphorique, très pauvre en potasse ; elle ne présente que de faibles ressources.

N° 303. Ambohinamboarina.
Flanc de coteau.

L'échantillon ne renfermait pas de cailloux.
1,000 de terre contiennent :

Azote.	0.51
Acide phosphorique.	0.41
Potasse.	0.15
Carbonate de chaux.	traces.

Cette terre ocreuse est dure après dessiccation ; elle renferme peu d'humus, d'azote, d'acide phosphorique et très peu de potasse. Ses ressources sont très faibles.

N° 281. Mahazony.
Colline.

L'échantillon renfermait pour 1,000 de terre :

Terre fine.	910.0
Cailloux.	90.0 (siliceux).

1,000 de terre contiennent :

	TERRE FINE.	TERRE BRUTE.
Azote.	0.55	0.50
Acide phosphorique.	0.28	0.25
Potasse.	0.12	0.11
Carbonate de chaux.	traces.	traces.

Cette terre jaunâtre est dure après dessiccation ; elle est pauvre en humus et en azote, très pauvre en acide phosphorique, extrêmement pauvre en potasse ; elle ne présente aucune ressource pour la culture.

N° 279. Trongay.
Flanc de coteau.

L'échantillon renfermait pour 1,000 de terre :

Terre fine	870.0
Cailloux	130.0 (siliceux).

1,000 de terre contiennent :

	TERRE FINE.	TERRE BRUTE.
Azote	0.51	0.44
Acide phosphorique	0.32	0.29
Potasse	0.10	0.09
Carbonate de chaux	traces.	traces.

Cette terre ocreuse est assez dure après dessiccation; elle est pauvre en humus, en azote et en acide phosphorique, extrêmement pauvre en potasse. Elle ne présente aucune ressource de fertilité.

N° 289. Faraony.
Vallée.

L'échantillon ne renfermait pas de cailloux.
1,000 de terre contiennent :

Azote	0.39
Acide phosphorique	0.45
Potasse	0.15
Carbonate de chaux	traces.

Cette terre ocreuse est assez dure après dessiccation; elle est pauvre en humus, en azote et en acide phosphorique; très pauvre en potasse. Elle ne présente que de très faibles ressources.

N° 288. Ankarinarivo.
Colline.

L'échantillon ne renfermait pas de cailloux.
1,000 de terre contiennent :

Azote	0.42
Acide phosphorique	0.61
Potasse	0.14
Carbonate de chaux	traces.

Cette terre ocreuse d'un rouge vif est très dure après dessiccation; elle est pauvre en humus, en azote et en acide phosphorique, très pauvre en potasse. Ses ressources pour la culture sont faibles.

N° 292. Tanala Anjolobato.
Anjolobato.

L'échantillon ne renfermait pas de cailloux.
1,000 de terre contiennent :

Azote	1.07
Acide phosphorique	0.75
Potasse	0.08
Carbonate de chaux	traces.

Cette terre ocreuse est assez friable après dessiccation; elle contient sensiblement d'humus et d'azote, elle est peu riche en acide phosphorique, extrêmement pauvre en potasse. Elle présente quelques faibles ressources.

Nº 301. Ambohimalaza.
Flanc de coteau.

L'échantillon ne renfermait pas de cailloux.
1,000 de terre contiennent :

Azote	2.35
Acide phosphorique	0.42
Potasse	0.10
Carbonate de chaux	traces.

Cette terre arable est friable après dessiccation; elle contient des débris organiques; elle est très riche en humus et en azote, pauvre en acide phosphorique et très pauvre en potasse. C'est une sorte de terre de bruyère; elle présenterait quelques ressources.

Les échantillons de terres prélevés dans la vaste région du Betsileo appartiennent à la même formation que celles de l'Imerina.

Ce sont, en presque totalité, des terres ocreuses, dépourvues de calcaire, peu perméables, et durcissant par la dessiccation.

Au point de vue de leur composition, elles se rapprochent des terres rouges précédemment décrites, c'est-à-dire que généralement elles sont peu pourvues d'acide phosphorique, extrêmement pauvres en potasse, avec de petites quantités seulement d'humus et d'azote. Ce sont donc des terres ingrates, dont la culture ne saurait tirer grand profit.

Mais il y a des exceptions. Quelques-unes de ces terres sont assez riches, très riches même, et susceptibles de produire d'abondantes récoltes. Ici encore, la disposition topographique du terrain et l'intervention de l'eau semblent jouer un rôle important pour l'enrichissement du sol et le développement de la végétation.

Le sous-sol est quelquefois plus riche que le sol superficiel, dont il peut augmenter la fertilité.

Certaines terres cultivées, particulièrement celles prises à Fianarantsoa et dans les environs, présentent de grandes réserves de fertilité, soit naturellement, soit par un enrichissement graduel dû à la culture.

Les premiers prélèvements faits dans cette région, dès 1892, portaient uniquement sur des terres de jardin. La richesse en principes fertilisants que l'analyse y a décelée a été, par quelques personnes, étendue à la région tout entière du Betsileo et leur a fait croire que celle-ci était douée dans son ensemble d'une grande fertilité.

Il n'en est rien; d'après l'examen de terres prélevées depuis, et dans des conditions permettant d'en généraliser les résultats, le Betsileo nous apparaît, de même que l'Imerina, comme une région peu propre à une colonisation agricole intensive, mais se prêtant à l'établissement de petites exploitations dans les bas-fonds et les vallées.

CERCLE D'ANJOZOROBÉ.

Limites. — Enclavé dans les cercles de Tsiafahy, de Moramanga, d'Ambatondrazaka, d'Ankazobé et de Tananarive, dont il est séparé en général par des lignes conventionnelles.

Topographie générale. — Soulèvements montagneux nombreux dont quelques-uns atteignent 1,700 mètres. Trois chaînes principales :

L'Ambohitsitakatra ;

L'Ampamohijankova ;

Le Tsimanabinivotra.

Le cercle est arrosé par les affluents nombreux de l'Ikopa et de la Betsiboka. Ces cours d'eau offrent de nombreuses chutes qui pourront presque toutes être utilisables industriellement.

Géologie. — Deux régions; dans l'une, argile rouge recouvrant schistes et quartz, cultures seulement dans les bas-fonds. Dans l'autre région, vallée de la Mananara, pays beaucoup plus fertile, terre beaucoup plus meuble par suite de l'humidité entretenue par le voisinage de la grande forêt de l'Est.

Cultures. — Cultures indigènes ordinaires assez prospères. Élevage assez développé.

Climat. — Au voisinage de la forêt, alternances d'humidité et de sécheresse toute l'année. Brouillards assez fréquents. Climat sain, sauf dans la forêt où la fièvre se contracte aisément.

Dans la partie plus éloignée de la forêt, moins d'humidité, mais cependant brouillards de temps à autre. Journées en général belles et chaudes, soirées fraîches. Température moyenne, 17 degrés.

En résumé, pays sain pour les Européens.

Commerce et industrie. — Commerce très actif sur les marchés; nombreux objets d'importation européenne.

Industries indigènes assez développées : tannerie, peausserie, tissages, cordonnerie, poterie, briqueterie, tuilerie, ouvrages en fer et en fer-blanc, charbon de terre, sériciculture.

Ressources naturelles. — Minerais de fer, bois de la forêt, caoutchouc.

Voies de communication. — Deux grandes routes carrossables, nombreuses routes muletières.

Colonisation. — Pays semblant présenter un certain avenir.

Secteur d'Anjozorobé.

N° 30. Antsintsindrano.

Terre noire. Herbes, pâturages. Flanc de coteau. Toute la vallée d'Antsintsindrano est uniforme.

L'échantillon renfermait pour 1,000 de terre :

Terre fine... 886.7
Cailloux.. 113.3 (siliceux).

1,000 de terre contiennent :

	TERRE FINE.	TERRE BRUTE.
Azote..	1.74	1.54
Acide phosphorique...................................	1.48	1.31
Potasse..	0.17	0.15
Carbonate de chaux...................................	0.70	0.62

Cette terre a l'aspect d'une terre arable très foncée; elle est dure après dessiccation; elle est riche en humus, en azote et en acide phosphorique, mais très pauvre en potasse. Elle serait regardée comme fertile si elle contenait davantage de ce dernier élément.

N° 32. Manokilaky.
Terre jaune. Ambatomisatroka. Herbes, bruyères. Sommet de colline. Toute la colline est du même terrain.

L'échantillon renfermait pour 1,000 de terre :

Terre fine... 971.7
Cailloux.. 28.3 (siliceux).

1,000 de terre contiennent :

	TERRE FINE.	TERRE BRUTE.
Azote..	1.44	1.40
Acide phosphorique...................................	0.85	0.82
Potasse..	0.07	0.07
Carbonate de chaux...................................	1.10	1.07

Cette terre ocreuse est très dure après dessiccation; elle est riche en humus et en azote, sensiblement riche en acide phosphorique, extrêmement pauvre en potasse; cette absence de potasse diminue considérablement la fertilité dont elle serait susceptible.

Secteur d'Ankazondandy.
N° 35. Ouest d'Ambatomena et Est d'Alatsinainy; district d'Ambatomena.
Aupès d'une vallée, presque à flanc de coteau. Herbes maigres. Terrain uniforme dans la région.

L'échantillon renfermait pour 1,000 de terre :

Terre fine... 980.0
Cailloux.. 20.0 (siliceux).

1,000 de terre contiennent :

	TERRE FINE.	TERRE BRUTE.
Azote..	0.49	0.48
Acide phosphorique...................................	0.77	0.75
Potasse..	0.22	0.21
Carbonate de chaux...................................	1.10	1.08

Cette terre ocreuse jaunâtre est très dure après dessiccation; elle est pauvre en humus et en azote, peu riche en acide phosphorique, très pauvre en potasse. Elle n'offre que de faibles ressources de fertilité.

N° 36. Andriampamaky, à l'ouest de Mananara.
Vallée. Herbages. Terre grasse. Région uniforme.

L'échantillon renfermait pour 1,000 de terre :

Terre fine... 862.5
Cailloux .... 137.5 (siliceux).

1,000 de terre contiennent :

	TERRE FINE.	TERRE BRUTE.
Azote...	1.35	1.16
Acide phosphorique.................................	0.56	0.48
Potasse..	0.42	0.36
Carbonate de chaux.................................	1.40	1.21

Cette terre a l'aspect d'une terre arable; elle est dure après dessiccation; elle contient sensiblement d'humus et d'azote, peu d'acide phosphorique et de potasse. Elle n'offre que de faibles ressources.

N° 37. Andranonantsaina, district d'Ambohitsifeno.
Presque au sommet d'une colline.
Végétation : herbes maigres. La région ne se compose pas du même terrain.

L'échantillon renfermait pour 1,000 de terre :

Terre fine... 891.3
Cailloux... 108.7 (siliceux).

1,000 de terre contiennent :

	TERRE FINE.	TERRE BRUTE.
Azote...	0.91	0.81
Acide phosphorique.................................	1.17	1.04
Potasse..	0.25	0.22
Carbonate de chaux.................................	1.30	1.16

Cette terre jaune ocreuse est dure après dessiccation; elle contient sensiblement d'humus, d'azote et d'acide phosphorique; elle est très pauvre en potasse. Elle offre des conditions de faible fertilité à cause de sa pauvreté en potasse.

N° 38. Ambolatara, Ambohibao nord.
Flanc d'une colline.
Herbages assez bons. Région uniforme.

L'échantillon renfermait pour 1,000 de terre :

Terre fine... 893.8
Cailloux... 106.2 (siliceux).

1,000 de terre contiennent :

	TERRE FINE.	TERRE BRUTE.
Azote..	1.36	1.21
Acide phosphorique................................	0.97	0.87
Potasse...	0.13	0.12
Carbonate de chaux................................	0.90	0.80

Cette terre a l'aspect d'une terre arable; elle est très dure après dessiccation; elle contient sensiblement d'azote et d'acide phosphorique, mais elle est très pauvre en potasse. Elle ne semble pas susceptible d'une grande fertilité.

Nº 39. Ouest d'Ambohitandraina.
Vallée à 60 mètres d'une rivière.
Herbages. Terrain assez bon; est le même presque partout.

L'échantillon renfermait pour 1,000 de terre :

Terre fine..	800.0
Cailloux...	200.0 (siliceux).

1,000 de terre contiennent :

	TERRE FINE.	TERRE BRUTE.
Azote..	1.97	1.58
Acide phosphorique................................	0.65	0.52
Potasse...	0.08	0.06
Carbonate de chaux...............................	1.50	1.20

Cette terre a l'aspect gris terreux; elle est dure après dessiccation ; elle est riche en humus et en azote, peu riche en acide phosphorique et dépourvue à peu près complètement de potasse; elle ne semble pas offrir de grandes ressources.

Nº 40. Ambianazava, district d'Ampiadanana.
Sommet d'une petite colline.
Herbages maigres. Le terrain est le même presque partout.

L'échantillon renfermait pour 1,000 de terre :

Terre fine..	985.0
Cailloux...	15.0 (siliceux).

1,000 de terre contiennent :

	TERRE FINE.	TERRE BRUTE.
Azote..	1.18	1.16
Acide phosphorique................................	0.25	0.25
Potasse...	0.25	0.25
Carbonate de chaux...............................	0.50	0.49

Cette terre jaune ocreuse foncée est très dure après dessiccation; elle contient sensiblement d'humus et d'azote; elle est très pauvre en acide phosphorique et en potasse. Elle n'offre aucun fonds de fertilité.

N° 41. Ambohitrinazato, district d'Ambohibao sud.
Sommet d'une colline.
Herbages. Terrain bon, est le même presque partout.

L'échantillon renfermait pour 1,000 de terre :

    Terre fine.. 950.0
    Cailloux... 50.0 (siliceux).

1,000 de terre contiennent :

	TERRE FINE.	TERRE BRUTE.
Azote.................................	1.51	1.43
Acide phosphorique..............................	0.50	0.47
Potasse...................................	0.46	0.44
Carbonate de chaux..............................	2.70	2.66

Cette terre est très dure après dessiccation ; elle est assez riche en humus et en azote, mais pauvre en acide phosphorique et en potasse ; elle ne présente pas une grande réserve.

Secteur d'Ambohitrolomahitsy.
N° 34, n° 1.

L'échantillon renfermait pour 1,000 de terre :

    Terre fine.. 933.4
    Cailloux... 66.6 (siliceux).

1,000 de terre contiennent :

	TERRE FINE.	TERRE BRUTE.
Azote.................................	4.49	4.19
Acide phosphorique..............................	2.60	2.43
Potasse...................................	0.15	0.14
Carbonate de chaux..............................	1.00	0.93

Cette terre noirâtre contient des débris végétaux ; elle est friable après dessiccation ; elle se rapproche des tourbes ou des terres de bruyère ; elle est spongieuse et peut absorber l'eau. Elle est extrêmement riche en azote, très riche en acide phosphorique ; mais très pauvre en potasse. Si l'élément potassique y était plus abondant, elle pourrait acquérir une grande fertilité.

N° 31. 1 kilom. 500 d'Ambohitrolomahitsy (sud-ouest).
Végétation spontanée. Grandes herbes très épaisses. 12 hectares. Terrain vierge formant plateau entouré de rizières. Les bas-fonds et les vallées sont seules du même terrain.

L'échantillon renfermait pour 1,000 de terre :

    Terre fine.. 930.0
    Cailloux... 70.0 (siliceux).

1,000 de terre contiennent :

	TERRE FINE.	TERRE BRUTE.
Azote	1.46	1.36
Acide phosphorique	1.61	1.50
Potasse	0.33	0.31
Carbonate de chaux	0.50	0.46

Cette terre assez foncée est dure après dessiccation ; elle est riche en humus, en azote et en acide phosphorique, mais pauvre en potasse. Elle est susceptible d'une certaine fertilité.

N° 33. Ambohitrolomahitsy.

Grandes herbes très épaisses. Flanc de coteau. 125 hectares.

L'échantillon renfermait pour 1,000 de terre :

Terre fine	933.4
Cailloux	66.6 (siliceux).

1,000 de terre contiennent :

	TERRE FINE.	TERRE BRUTE.
Azote	1.17	1.09
Acide phosphorique	0.72	0.67
Potasse	0.18	0.17
Carbonate de chaux	1.30	1.21

Cette terre ocreuse est très dure après dessiccation ; elle contient sensiblement d'humus et d'azote, moins d'acide phosphorique ; elle très pauvre en potasse ; c'est une terre de petite fertilité.

Les échantillons prélevés dans ce cercle se présentent avec des richesses variables.

Les terres, généralement ocreuses, se rapprochent de celles de l'Imerina, par leur aspect et leur composition. Mais elles sont mieux pourvues que ces dernières en azote et en acide phosphorique ; la potasse cependant n'y existe le plus souvent qu'en faible quantité.

Le cercle d'Anjozorobé peut être regardé comme plus fertile que la généralité des régions du massif central.

CERCLE D'AMBATONDRAZAKA.

Limites. — Au nord, la province de Majunga, le cercle d'Analalava et la province de Maroantsetrana ; à l'ouest, les cercles d'Andriamena et d'Ankazobé ; au sud, les cercles d'Anjozorobé et de Moramanga ; à l'est, les provinces de Fénérive et de Tamatave.

Topographie générale. — Une chaîne séparant la vallée de la Mahajamba de celle du Sahabé, court du nord au sud dans la partie centrale et s'évase vers le nord pour former un grand plateau : le Tompoketsa. Dans le bassin du Sahabé, grande dépression lacustre du lac Alaotra ; d'autre part, ligne de collines séparant les affluents du Sahabé. Dans la région ouest, du côté de la Mahajamba, pays assez accidenté.

Nombreux cours d'eau dans les deux vallées.

Climat. — Pendant la saison des pluies, température élevée, atteignant assez fréquemment 28 à 30 degrés à l'ombre. La saison sèche est fraîche et ressemble à celle de l'Emyrne.

Moyenne générale de la température : 23 degrés.

Géologie. — Même fonds de terrains qu'en Imerina, mais régions alluvionnaires beaucoup plus étendues et beaucoup plus riches, surtout dans la région du lac Alaotra, au bord duquel le sol est recouvert par places d'une couche de débris de coquillage.

Cultures. — Cultures indigènes riches et abondantes; cultures tropicales et cultures européennes donnant d'assez grandes espérances.

Commerce et industrie. — Le commerce, qui est entre les mains des Hovas, est très actif; il s'applique non seulement aux produits indigènes, mais aux articles d'importation française.

L'industrie est encore peu développée. Quelques fabriques indigènes de savon, de poteries; quelques exploitations aurifères.

Voies de communication. — Grande route (qui sera bientôt carrossable) de Tananarive à Mandritsara, nombreuses routes muletières, navigation sur le lac Alaotra.

Ressources naturelles. — Gisements aurifères.

Colonisation. — Tend à se développer.

N° 81. Imerimandro:o, sur le plateau qui domine la ville (nord).

Patates. manioc, légumes, fruits. Altitude : 880 mètres. Plateau de 2,000 hectares à l'est du lac Alaotra. Région très fertile.

L'échantillon renfermait pour 1,000 de terre :

Terre fine..	828.0
Cailloux..	172.0 (siliceux).

1,000 de terre contiennent :

	TERRE FINE.	TERRE BRUTE.
Azote..	2.49	2.06
Acide phosphorique.............................	15.66	12.97
Potasse...	4.90	4.06
Carbonate de chaux.............................	12.00	9.94

Cette terre a l'aspect d'une terre arable; elle est légèrement friable après dessiccation; elle contient beaucoup d'humus, d'azote et de potasse; elle offre une richesse exceptionnelle en acide phosphorique. Cette terre est abondamment pourvue d'éléments de fertilité et doit se prêter à une culture très intensive.

N° 80. Ambohimanga, pris à 200 mètres au sud du village.

Cultures : patates, manioc, tabac. 3,000 hectares. Terrain uniforme. N'est pas modifié par les pluies. Sol fertile.

L'échantillon renfermait pour 1,000 de terre :

Terre fine.......................................	712.0
Cailloux.......................................	288.0 (siliceux).

MM. Müntz et Rousseaux.

7

1,000 de terre contiennent :

	TERRE FINE.	TERRE BRUTE.
Azote	0.28	0.20
Acide phosphorique	17.96	12.79
Potasse	0.59	0 42
Carbonate de chaux	4.80	3.42

Cette terre d'un jaune ocreux foncé est dure après dessiccation; elle est pauvre en humus, en azote et contient un peu de potasse, mais elle est d'une richesse tout à fait exceptionnelle en acide phosphorique. Cette accumulation de phosphate est assez grande pour qu'on puisse penser à employer cette terre à l'amendement des terres voisines; mais par elle-même, malgré cette prédominance de l'un des éléments, elle ne doit pas être regardée comme très fertile, puisqu'elle contient peu de potasse et surtout d'azote; elle serait cependant susceptible de s'améliorer par la culture.

N° 77. Mangalaza (250 mètres de la colline où se trouve le village).
Cultures : patates, manioc, canne à sucre. Altitude : 800 mètres. 50 hectares situés au nord-est de la ville d'Ambatondrazaka. Sol très fertile. Rizières dans les environs.

L'échantillon renfermait pour 1,000 de terre :

Terre fine	953.0
Cailloux	47.0 (siliceux)

1,000 de terre contiennent :

	TERRE FINE.	TERRE BRUTE.
Azote	0.79	0.75
Acide phosphorique	1.37	1.30
Potasse	4.34	4.14
Carbonate de chaux	2.20	2.10

Cette terre jaunâtre ocreuse, légèrement micacée, est dure après dessiccation; elle contient sensiblement d'humus et d'azote; elle est riche en acide phosphorique et très riche en potasse. Elle offre un bon fonds de fertilité.

N° 79. Lieu dit Antsirika (sud-est du village d'Ambatondrazaka).
Chiendent, broussailles. Argile. Altitude : 820 mètres. 200 hectares. Tous les mamelons environnants sont du même terrain. Pendant les pluies, entraînement des terres dans la vallée. Sol peu fertile.

L'échantillon renfermait pour 1,000 de terre :

Terre fine	934.0
Cailloux	66.0 (siliceux)

1,000 de terre contiennent :

	TERRE FINE.	TERRE BRUTE.
Azote	0.54	0.50
Acide phosphorique	0.68	0.63
Potasse	0.10	0.09
Carbonate de chaux	traces.	traces.

Cette terre jaune est très dure après dessiccation; elle n'est pas bien pourvue d'éléments fertilisants et ne semble offrir que peu de ressources à la culture.

N° 78. Manakambahiny-Ouest (600 mètres ouest de l'ancienne porte).

Cultures : patates, manioc, légumes, orangers, manguiers. Altitude : 790 mètres; 1,000 hectares. Ancien jardin. Même terrain pour toute la région. Sol assez fertile. Pas de modification pendant les pluies.

L'échantillon renfermait pour 1,000 de terre :

Terre fine	945.0
Cailloux	55.0 (siliceux).

1,000 de terre contiennent :

	TERRE FINE.	TERRE BRUTE.
Azote	0.28	0.26
Acide phosphorique	0.87	0.82
Potasse	1.71	1.61
Carbonate de chaux	1.50	1.42

Cette terre jaunâtre ocreuse est très dure après dessiccation; elle est pauvre en humus et en azote; elle contient sensiblement d'acide phosphorique et elle est riche en potasse. Elle renferme un certain fonds de fertilité.

Les échantillons pris dans ce cercle se divisent en deux classes.

Les uns, prélevés sur des mamelons et se rapportant à ces terres ocreuses si répandues dans l'île, se présentent avec une faible teneur en éléments fertilisants et ne doivent pas attirer les efforts des colons.

Les autres, au contraire, sont d'une grande richesse, permettant de les classer parmi les terres très fertiles.

Quelques-uns même ont une proportion d'acide phosphorique extraordinairement élevée, constituant une réserve inépuisable. On est probablement dans le cas de dépôts lacustres, où se sont accumulés des débris animaux.

Il y a certainement là de grandes ressources pour la culture, et de pareilles terres peuvent porter d'abondantes récoltes.

CERCLE DE MORAMANGA.

Limites. — A l'ouest, cercles de Tsiafahy et d'Anjozorobé. Au nord, cercle d'Ambatondrazaka. A l'est et au sud, territoire des Betsimisaraka du sud.

Topographie générale. — Le cercle de Moramanga, c'est la vallée de Mangoro ayant à l'ouest l'Imerina, à l'est le pays betsimisaraka et séparée de chacun de ces deux pays par deux profondes forêts. Le Mangoro coule du nord au sud, l'arrosant dans toute sa longueur. Il coupe la route de Tamatave perpendiculairement à sa direction.

Climat. — Température très égale, variant de 15 à 25 degrés en toute saison; peu d'écart entre le jour et la nuit. Quelques fièvres, principalement pendant la saison des pluies. L'Européen doit y observer des règles d'hygiène pour se maintenir en bonne santé.

Géologie. — Alluvions dans presque toute l'étendue du cercle. Épaisseur de la couche, environ 4o centimètres.

Cultures. — Les cultures indigènes réussissent. Quelques plantations de café assez belles. Pays de pâturage et d'élevage.

Commerce et industrie. — Commerce très actif aux abords de la route de Tananarive à Tamatave, qui traverse le cercle. Importations et exportations.

L'industrie indigène commence à se développer, principalement aux environs de Moramanga, chef-lieu du cercle et gîte d'étapes. Nattes, rabannes, poterie, briqueterie, tuilerie, scieries de long.

Voies de communication. — Grande route carrossable de Tananarive à Tamatave; une quinzaine de bonnes routes militaires.

Ressources naturelles. — Importantes ressources agricoles et forestières.

Colonisation. — Tend à se développer.

N° 94. Didy (5oo mètres à l'est du poste).

Cultures : maïs, manioc, patates. Vallée; altitude : 1,1oo mètres. 1o,ooo hectares. Terrain uniforme. Vallée de l'Ivondro. Sol très fertile, pouvant se prêter à la culture du café, de la vanille, etc. Résiste assez bien aux eaux de pluie.

L'échantillon renfermait pour 1,000 de terre :

Terre fine.. 937.o
Cailloux.. 63.o (siliceux).

1,000 de terre contiennent :

	TERRE FINE.	TERRE BRUTE.
Azote...	0.07	o.o6
Acide phosphorique.............................	o.63	o.5g
Potasse..	o.4g	o.46
Carbonate de chaux.............................	o.8o	o.75

Cette terre violacée, légèrement micacée, est friable après dessiccation; elle est dépourvue d'humus et d'azote et contient peu d'acide phosphorique et de potasse. Elle n'offre aucun fonds de fertilité.

N° 93. Ambohimanjaka.

Herbes de hauteur moyenne. Altitude : 1,15o mètres. 1o.oo hectares. Terrain uniforme pour la région. Sol médiocrement fertile, ne convient guère qu'aux pâturages. Flanc de coteau.

L'échantillon renfermait pour 1,000 de terre :

Terre fine.. 963.4
Cailloux.. 36.6 (siliceux).

1,000 de terre contiennent :

	TERRE FINE.	TERRE BRUTE.
Azote..	0.18	0.17
Acide phosphorique...............................	0.62	0.60
Potasse...	0.08	0.08
Carbonate de chaux................................	1.00	0.96

Cette terre ocreuse est très dure après dessiccation; elle est très pauvre en azote et en potasse, pauvre en acide phosphorique; elle n'offre pas de ressources de fertilité.

N° 95. Andaingo, à 20 mètres à l'ouest de la route d'Antanimenakely et à 300 mètres du Mangoro.

Herbes de 1 mètre. Vallée; altitude : 1,070 mètres. 10,000 hectares. Terrain uniforme. Fertilité relative. Ne conviendrait guère que pour l'élevage. Résiste assez bien aux eaux de pluie.

L'échantillon renfermait pour 1,000 de terre :

Terre fine...	968.4
Cailloux..	31.6 (siliceux).

1,000 de terre contiennent :

	TERRE FINE.	TERRE BRUTE.
Azote..	0.66	0.64
Acide phosphorique...............................	0.55	0.53
Potasse...	0.44	0.43
Carbonate de chaux................................	0.60	0.58

Cette terre ocreuse est très dure après dessiccation, elle est peu riche en azote, en acide phosphorique et en potasse. Elle n'a qu'un faible fonds de fertilité.

N° 91. Andaingo, à 2 kilomètres au sud du poste.

Herbe courte et drue. Altitude : 1,065 mètres. 50.000 hectares. Terrain uniforme pour la région, résistant aux pluies, mais très peu fertile. Vallée.

L'échantillon renfermait pour 1,000 de terre :

Terre fine...	949.0
Cailloux..	51.0 (siliceux).

1,000 de terre contiennent :

	TERRE FINE.	TERRE BRUTE.
Azote..	0.05	0.05
Acide phosphorique...............................	0.54	0.51
Potasse...	0.42	0.40
Carbonate de chaux................................	0.90	0.85

Cette terre violacée, légèrement micacée, est friable après dessiccation; elle est dépourvue d'humus et d'azote, pauvre en acide phosphorique et en potasse. Elle ne semble pas apte à être mise en culture.

N° 99. Amboasary.

Flanc de coteau. Maïs, patates, herbes. Altitude : 1,050 mètres. 15 hectares. Sol assez fertile. Perméable, assez résistant aux pluies.

L'échantillon renfermait pour 1,000 de terre :

Terre fine. 948.0
Cailloux. . . . . 52.0 (siliceux).

1,000 de terre contiennent :

	TERRE FINE.	TERRE BRUTE.
Azote.	1.06	1.00
Acide phosphorique.	7.96	7.55
Potasse.	0.68	0.64
Carbonate de chaux.	1.30	1.23

Cette terre a l'aspect d'une terre arable; elle est friable après dessiccation. Elle contient sensiblement d'humus, d'azote et de potasse, et une quantité extraordinairement élevée d'acide phosphorique; elle offre un bon fonds de fertilité.

N° 83. Amboudrona.

Hautes herbes. Altitude : 1,030 mètres; 5 hectares. Terrain uniforme. Rive gauche du Mangoro. Flanc de coteau.

L'échantillon renfermait pour 1,000 de terre :

Terre fine. 925.0
Cailloux . . . . 75.0 (siliceux).

1,000 de terre contiennent :

	TERRE FINE.	TERRE BRUTE.
Azote.	0.20	0.18
Acide phosphorique.	0.26	0.24
Potasse	0.34	0.31
Carbonate de chaux.	1.00	0.92

Cette terre ocreuse est très dure après dessiccation; elle est très pauvre en tous les éléments fertilisants. Il n'est pas à conseiller de la mettre en exploitation.

N° 85. Ambohidray.

Flanc de coteau, rive gauche du Mangoro.

Patates, haricots, 5 hectares. Terrain non uniforme dans la région. Sol assez fertile, résistant assez bien aux pluies.

L'échantillon renfermait pour 1,000 de terre :

Terre fine. 951.3
Cailloux . . . . 48.7 (siliceux).

1,000 de terre contiennent :

	TERRE FINE.	TERRE BRUTE.
Azote.	1.28	1.22
Acide phosphorique.	0.47	0.45
Potasse.	0.17	0.16
Carbonate de chaux.	0.80	0.76

Cette terre ocreuse est très dure après dessiccation. Elle est riche en humus et en azote, pauvre en acide phosphorique, très pauvre en potasse. Elle offre peu de ressources.

N° 92. Soanirano.
Hautes herbes. Altitude : 1,030 mètres. 5 hectares. Sol médiocrement fertile, résistant assez bien aux pluies, propice à l'élevage. Flanc de coteau.

L'échantillon renfermait pour 1,000 de terre :

Terre fine	960.0
Cailloux	40.0 (siliceux).

1,000 de terre contiennent :

	TERRE FINE.	TERRE BRUTE.
Azote	0.60	0.58
Acide phosphorique	0.33	0.32
Potasse	0.17	0.16
Carbonate de chaux	2.10	2.02

Cette terre jaunâtre est très dure après dessiccation ; elle est pauvre en éléments fertilisants et ne présente pas de ressources de fertilité.

N° 88. Ambilombé.
Hautes herbes. Altitude : 1,050 mètres. 10,000 hectares. Terrain uniforme pour toute la région. Sol paraissant fertile, la végétation spontanée y est très vigoureuse. Flanc de coteau.

L'échantillon renfermait pour 1,000 de terre :

Terre fine	940.0
Cailloux	60.0 (siliceux).

1,000 de terre contiennent :

	TERRE FINE.	TERRE BRUTE.
Azote	1.14	1.07
Acide phosphorique	7.99	7.51
Potasse	0.51	0.48
Carbonate de chaux	0.80	0.75

Cette terre a l'aspect d'une terre arable ; elle est friable après dessiccation ; elle est sensiblement riche en humus et en azote, extrêmement riche en acide phosphorique, peu riche en potasse. Elle est susceptible de donner une terre de culture de bonne fertilité.

N° 103. Ankonkalava, sur le mamelon du plateau d'Ankonkalava.
Manioc, café, légumes. 990 mètres d'altitude. 60 hectares. Échantillon pris à l'Est et à l'Ouest du poste. Le sol est très fertile.

L'échantillon renfermait pour 1,000 de terre :

Terre fine	927.0
Cailloux	73.0 (siliceux).

1,000 de terre contiennent :

	TERRE FINE.	TERRE BRUTE.
Azote...	2.15	1.99
Acide phosphorique.............................	1.30	1.20
Potasse.......................................	0.05	0.05
Carbonate de chaux.............................	1.20	1.11

Cette terre a l'aspect d'une terre arable très foncée; elle contient des débris végétaux ; elle est très dure après dessiccation ; elle est riche en humus et en azote, assez riche en acide phosphorique, mais presque entièrement dépourvue de potasse. Elle offre un certain fonds de fertilité.

N° 100. Mandialaza (200 mètres à l'est du poste).

Café, manioc, maïs, tabac, légumes, rizières. Plateau, 990 mètres d'altitude. Terrain uniforme sur 40 hectares; résiste aux pluies. Le sol est très fertile ; les rizières situées dans les environs sont d'une très grande fertilité. L'écoulement des eaux se fait facilement.

L'échantillon renfermait pour 1,000 de terre :

Terre fine..	943.0
Cailloux..	57.0 (siliceux).

1,000 de terre contiennent :

	TERRE FINE.	TERRE BRUTE.
Azote...	1.82	1.72
Acide phosphorique.............................	0.43	0.40
Potasse.......................................	0.17	0.16
Carbonate de chaux.............................	1.40	1.32

Cette terre ocreuse est dure après dessiccation; elle est bien pourvue d'humus et d'azote, mais contient peu d'acide phosphorique et surtout de potasse. Elle n'offre qu'un faible fonds de fertilité.

N° 104. Ampasimpotsy (1 kilom. 800 à l'est)

Grandes herbes, manioc, patates, maïs. Petit plateau, 980 mètres d'altitude. Les trois quarts de la région sont du même terrain. Sol fertile. Des essais de jardin potager ont donné de très bons résultats; le café y vient bien et y est de bonne qualité. Le maïs, la patate, le manioc, les haricots, la pomme de terre viennent bien. Sol perméable et résistant.

L'échantillon renfermait pour 1,000 de terre :

Terre fine..	920.0
Cailloux..	80.0 (siliceux).

1,000 de terre contiennent :

	TERRE FINE.	TERRE BRUTE.
Azote...	1.30	1.20
Acide phosphorique.............................	1.22	1.12
Potasse.......................................	0.22	0.20
Carbonate de chaux.............................	1.20	1.10

Cette terre jaunâtre assez foncée est très dure après dessiccation ; elle est riche en humus, en azote et en acide phosphorique, mais très pauvre en potasse, ce qui l'empêche d'être considérée comme une terre de bonne fertilité.

N° 98. Ambilona (1 kilomètre au sud-ouest du poste).
Rizières, maïs. Vallée; altitude : 1,000 mètres. 15 hectares. Terrain uniforme. Terre noire fertile. Cet échantillon a été prélevé dans la vallée de l'Andranomena, au sud-ouest d'Ambilona. Le sol est très fertile (riz, maïs, haricots, patates).
L'échantillon ne renfermait pas de cailloux.

1,000 de terre contiennent :

Azote	2.43
Acide phosphorique	1.91
Potasse	1.77
Carbonate de chaux	0.70

Cette terre a l'aspect d'une terre arable ; elle est dure après dessiccation ; elle est riche en humus, en azote, en acide phosphorique et en potasse. Elle constitue une terre bien pourvue d'éléments fertilisants.

N° 105. Sabotsy (900 mètres au nord-est du poste, au pied des hauteurs).
Grandes herbes et arbustes. Altitude : 1,000 mètres. Sol fertile, propre à toutes les cultures, très perméable, assez mobile pendant la saison des pluies. Vallée du Manambolo, entre le plateau de l'Imerina et la vallée du Mangoro.

L'échantillon renfermait pour 1,000 de terre :

Terre fine	842.0
Cailloux	158.0 (siliceux).

1,000 de terre contiennent :

	TERRE FINE.	TERRE BRUTE.
Azote	1.64	1.38
Acide phosphorique	3.69	3.11
Potasse	0.05	0.04
Carbonate de chaux	0.70	0.59

Cette terre jaunâtre et foncée est dure après dessiccation; elle est bien pourvue d'humus et d'azote, très riche en acide phosphorique, mais presque complètement dépourvue de potasse. Cette absence de ce dernier élément e.t évidemment de nature à donner une infériorité à cette terre, qui est bien pourvue des autres principes fertilisants.

N° 97. Sabotsy, au pied de collines (700 mètres au sud-est du poste).
Hautes herbes et arbustes. Vallée, altitude : 1,000 mètres. Terrain uniforme. Vallée du Manambolo. Sol assez fertile. Cultures : café, thé, légumes d'Europe, manioc. Très perméable, assez mobile pendant les pluies.

L'échantillon renfermait pour 1,000 de terre :

Terre fine	848.0
Cailloux	152.0 (siliceux).

1,000 de terre contiennent :

	TERRE FINE.	TERRE BRUTE.
Azote	0.46	0.39
Acide phosphorique	14.85	12.59
Potasse	5.41	4.59
Carbonate de chaux	7.70	6.53

Cette terre a l'aspect d'une terre arable jaunâtre et micacée ; elle est friable après dessiccation. Elle est pauvre en humus et en azote, mais, par contre, extrêmement riche en acide phosphorique et très riche aussi en potasse ; elle contient sensiblement de chaux. Elle offre de grandes ressources et elle est susceptible de devenir extrêmement fertile, si la culture ou des apports de fumier y apportent l'élément humique et azoté, qui y est peu abondant.

Nº 101. Anzomakely. Flanc de coteau (1,500 mètres à l'est du village).

Herbes. Altitude : 1,150 mètres. Toute la région est à peu près du même terrain. Sol peu fertile, recouvert d'herbes de qualité médiocre. Quelques cultures de manioc et patates. Sol perméable, résiste peu aux pluies.

L'échantillon renfermait pour 1,000 de terre :

Terre fine	865.0
Cailloux	135.0 (siliceux).

1,000 de terre contiennent :

	TERRE FINE.	TERRE BRUTE.
Azote	2.15	1.86
Acide phosphorique	1.48	1.28
Potasse	0.20	0.17
Carbonate de chaux	1.00	0.86

Cette terre a l'aspect d'une terre arable foncée ; elle est dure, mais un peu friable après dessiccation ; elle est riche en humus, en azote et en acide phosphorique, mais très pauvre en potasse. La pénurie de ce dernier élément l'empêche d'être considérée comme fertile.

Nº 102. Andakana (2 kilomètres au sud-ouest).

Grandes herbes. Plateau 1,100 mètres d'altitude entre le Mangoro et le petit massif du Fody. Terrain à peu près uniforme. Sol peu fertile, assez propre à l'élevage du bétail et à la culture du manioc et de la patate. Très perméable, résiste assez bien aux pluies.

L'échantillon renfermait pour 1,000 de terre :

Terre fine	928.0
Cailloux	72.0 (siliceux).

1,000 de terre contiennent :

	TERRE FINE.	TERRE BRUTE.
Azote	1.48	1.37
Acide phosphorique	0.73	0.68
Potasse	0.25	0.23
Carbonate de chaux	0.90	0.83

Cette terre a l'aspect d'une terre arable foncée ; elle contient quelques débris végétaux ; elle est dure mais un peu friable après dessiccation ; elle est riche en humus et en azote ; elle contient sensiblement d'acide phosphorique, mais très peu de potasse. Elle n'offre qu'un faible fonds de fertilité.

N° 96. Sur le plateau de Tsarafarina (800 mètres du poste).

Grandes herbes. Plateau. Altitude : 1,100 mètres. Terrain uniforme. Sol peu fertile, propre à l'élevage et à quelques cultures : manioc, patates. Très perméable ; résiste aux pluies.

L'échantillon renfermait pour 1,000 de terre :

Terre fine...	783.0
Cailloux...	217.0 (siliceux).

1,000 de terre contiennent :

	TERRE FINE.	TERRE BRUTE.
Azote...	2.01	1.57
Acide phosphorique.............................	1.14	0.89
Potasse..	0.17	0.13
Carbonate de chaux..............................	1.40	1.10

Cette terre, d'un gris très foncé, est friable après dessiccation ; elle est riche en humus et en azote, sensiblement riche en acide phosphorique, mais très pauvre en potasse. La pénurie de ce dernier élément la rend peu fertile.

N° 87. Mandrifafana (ouest du village).

Brousses. Terrain cultivé en certains endroits. Échantillon pris sur le flanc de la montagne.

L'échantillon renfermait pour 1,000 de terre :

Terre fine...	778.0
Cailloux...	222.0 (siliceux).

1,000 de terre contiennent :

	TERRE FINE.	TERRE BRUTE.
Azote...	0.20	0.15
Acide phosphorique.............................	0.20	0.15
Potasse..	0.08	0.06
Carbonate de chaux..............................	traces.	traces.

Cette terre, d'un jaune ocreux, est très dure après dessiccation. Elle ne contient qu'une quantité extrêmement faible d'humus, d'azote, d'acide phosphorique et de potasse. Elle n'offre aucun fonds de fertilité.

N° 86. Angadiamboy.

Flanc de coteau (sud du village).

Brousses. Terrain uniforme, cultivé, fertile. Échantillon pris près de la route Jean-Laborde, au pied d'un mamelon.

L'échantillon ne renfermait pas de cailloux.

1,000 de terre contiennent :

Azote	0.09
Acide phosphorique	0.54
Potasse	0.37
Carbonate de chaux	0.90

Cette terre ocreuse est dure après dessiccation ; elle est dépourvue d'humus et d'azote ; elle ne renferme que peu d'acide phosphorique et de potasse. Elle ne semble pas devoir se prêter à la culture.

N° 82. Ankadikely.

Flanc de coteau (nord-est du village).

Manioc, patates, tabac. Terrain uniforme. Les mamelons voisins sont de même nature et sont tous cultivés. Rizières dans les bas-fonds.

L'échantillon renfermait pour 1,000 de terre :

Terre fine	910.0
Cailloux	90.0 (siliceux).

1,000 de terre contiennent :

	TERRE FINE.	TERRE BRUTE.
Azote	0.19	0.17
Acide phosphorique	0.89	0.81
Potasse	1.77	1.61
Carbonate de chaux	0.40	0.36

Cette terre violacée, légèrement micacée, est assez dure après dessiccation ; elle est très pauvre en humus et en azote ; elle contient sensiblement d'acide phosphorique et beaucoup de potasse ; elle serait susceptible d'acquérir quelque fertilité par l'accumulation de débris végétaux laissés par les cultures, ou résultant de l'action des eaux stagnantes.

N° 84. Ambohidratrimo.

Flanc de coteau (nord-ouest du village).

Manioc, patates. Pied de la montagne d'Ambohidratrimo. Terre rouge à 0 m. 25 ou 0 m. 30, noire en certains endroits à la surface. Sol très fertile.

L'échantillon renfermait pour 1,000 de terre :

Terre fine	961.7
Cailloux	38.3 (siliceux).

1,000 de terre contiennent :

	TERRE FINE.	TERRE BRUTE.
Azote	1.44	1.38
Acide phosphorique	2.80	2.69
Potasse	1.60	1.54
Carbonate de chaux	0.80	0.77

Cette terre jaunâtre et foncée est très dure après dessiccation; elle est riche en humus, en azote et en potasse, très riche en acide phosphorique; elle doit être considérée comme une terre très fertile.

N° 90. Manarina (nord du village).
Brousse. Terrain uniforme, tantôt cultivé, tantôt inculte. Rizières dans les bas-fonds. Terre fertile. Flanc de coteau, presque au bas du mamelon.

L'échantillon renfermait pour 1,000 de terre :

        Terre fine.. 911.7
        Cailloux... 88.3 (siliceux).

1,000 de terre contiennent :

	TERRE FINE.	TERRE BRUTE.
Azote..	1.02	0.93
Acide phosphorique......................................	0.82	0.75
Potasse..	1.86	1.69
Carbonate de chaux......................................	0.90	0.82

Cette terre, d'un jaune ocreux, légèrement micacée, est très dure après dessiccation; elle contient sensiblement d'humus, d'azote et d'acide phosphorique, et notablement de potasse; elle a les éléments d'une fertilité moyenne.

N° 89. Ambodirotra (sud du village).
Brousse, herbes. Terrain uniforme. Fertilité médiocre. Flanc de coteau, au bas de la montagne.

L'échantillon renfermait pour 1,000 de terre :

        Terre fine.. 924.0
        Cailloux... 76.0 (siliceux).

1,000 de terre contiennent :

	TERRE FINE.	TERRE BRUTE.
Azote..	0.53	0.49
Acide phosphorique......................................	3.92	3.62
Potasse..	2.37	2.19
Carbonate de chaux......................................	traces.	traces.

Cette terre jaunâtre est dure après dessiccation; elle contient peu d'humus et d'azote, mais beaucoup d'acide phosphorique et de potasse. Elle offre un bon fonds de fertilité.

Les terres de ce cercle présentent une assez grande variété au point de vue de leur richesse.

Nous y trouvons des terres ocreuses rappelant celles de l'Imerina, avec de très petites quantités de principes fertilisants; des terres violacées contenant beaucoup de mica, généralement plus pauvres encore. L'acide phosphorique et la potasse sont le plus souvent en très minime proportion.

Mais, d'un autre côté, un certain nombre des sols sont riches en acide phosphorique et quelquefois en potasse.

Des terres pourvues d'humus et qui contiennent souvent une grande réserve d'acide phosphorique paraissent provenir de dépôts lacustres, et sont susceptibles de donner pendant de longues périodes d'abondantes récoltes.

Toutes ces terres manquent de chaux, et l'absence de cet élément est certainement de nature à diminuer leur aptitude à la culture.

En résumé, il existe dans ce cercle, en beaucoup de points, des terrains dont la colonisation agricole pourrait tirer un bon parti.

CERCLE DES BARA.

Limites. — Au nord, la province du Betsileo; à l'est, la province de Farafangana; au sud, le cercle de Fort-Dauphin; à l'ouest, le cercle de Tuléar.

Topographie générale. — Prolongation de l'arête faîtière qui s'abaisse vers le sud du cercle et forme à l'ouest le plateau de l'Horombé, vaste steppe dénudée et déserte.

Pays très arrosé. Coulent :

Vers le nord, l'Ihosy;

Vers l'est, l'Iantara;

Vers le sud, le Mandraré;

Vers l'ouest, l'Onilahy.

Tous ces cours d'eau partent du nœud orographique de la région de Tamotamo.

Climat. — Très variable. Dans l'est du cercle, à Ivohibé, les limites de température sont de 15 à 25 degrés pendant la saison sèche, et de 25 à 33 degrés pendant la saison des pluies. Au sud du cercle, dans la région de Tamotamo, le thermomètre atteint souvent 37 à 38 degrés, et les fièvres sont assez fréquentes pendant la saison des pluies. L'Européen doit suivre une hygiène sévère.

Géologie. — Sensiblement la même que dans le Betsileo.

Cultures. — Encore peu développée par suite de la paresse de la population. Cependant, nombreuses vallées assez fertiles. Beaux troupeaux dans quelques parties du cercle. Pays de ressources s'il était plus peuplé et si les habitants étaient plus travailleurs.

Commerce et industrie. — Le commerce du bétail est pratiqué activement par les indigènes. Le bétail sert d'article d'échange pour l'acquisition de produits européens, principalement des toiles. Les Hova, qui se sont répandus dans le pays, ont contribué à développer le commerce et la création de marchés assez nombreux.

L'industrie est encore très rudimentaire. Cependant certaines tribus font de la sériciculture. On exploite aussi du sel qu'on trouve dans les terrains sablonneux de la région d'Analavaky.

Voies de communication. — Route muletière de Fianarantsoa à Fort-Dauphin. Quelques autres chemins muletiers.

Ressources naturelles. — Ressources agricoles importantes; sériciculture, forêts contenant des essences précieuses.

Colonisation. — Encore peu développée.

Secteur d'Ivohibé.
N° 138. Ivohibé.

Couche sous-jacente (est du poste). Sommet de colline. 85o mètres d'altitude.

Le sol n'a jamais été cultivé; il est recouvert d'herbe haute et dure que les bœufs ne mangent pas. Toute la région est de même terrain. Couche d'argile recouverte, dans les vallées, d'une couche d'humus plus ou moins épaisse, dépassant rarement o m. 20. Les pluies le rendent glissant; il ne se transforme en boue qu'après des pluies persistantes. Les grandes pluies ne font que laver la surface; souvent, cependant, elles produisent des érosions qui mettent quelquefois à nu la roche sur laquelle repose généralement la couche d'argile.

L'échantillon renfermait pour 1,000 de terre :

Terre fine.	9o3.o
Cailloux.	97.o (siliceux).

1,000 de terre contiennent :

	TERRE FINE.	TERRE BRUTE.
Azote.	o.71	o.64
Acide phosphorique.	o.65	o.59
Potasse.	1.61	1.45
Carbonate de chaux.	o.8o	o.72

Cette terre, de couleur gris jaunâtre, est dure après dessiccation; elle est peu riche en humus, en azote et en acide phosphorique; elle est assez riche en potasse. Elle n'offre que d'assez faibles ressources à la culture.

N° 139. Vallée de la Ranomena, couche sous-jacente.

Herbe courte très recherchée des animaux. 8oo mètres d'altitude, 6 mètres au-dessus du niveau de la rivière; n'a jamais été inondé. Couche de terre noire de o m. 20 au maximum sur de l'argile. Aux pluies, cette terre devient boueuse, glissante, se transforme en marécages en certains endroits. Sol assez fertile et qu'il suffit de débarrasser des racines et des herbes pour la rendre propre à toutes les cultures.

L'échantillon renfermait pour 1,000 de terre :

Terre fine.	885.o
Cailloux.	115.o (siliceux).

1,000 de terre contiennent :

	TERRE FINE.	TERRE BRUTE.
Azote.	o.87	o.77
Acide phosphorique.	2.o1	1.78
Potasse.	1.44	1.27
Carbonate de chaux.	1.5o	1.33

Cette terre jaunâtre foncée est dure après dessiccation; elle est sensiblement riche en humus et en azote, riche en acide phosphorique et en potasse; elle contient en suffisance les éléments fertilisants.

N° 140. Analavoka (ouest du poste).

Dans la vallée du Menazahaka, sur la rive droite du fleuve, à 1 m. 5o au-dessus de la berge, à la limite extrême des crues. Toute la vallée présente les mêmes caractères que les autres vallées du secteur : couche d'humus sur fond argileux.

Échantillon pris dans une partie non cultivée, recouverte d'herbes et de quelques arbres à latex (*Kidroa*). Le sol devient boueux après la pluie.

L'échantillon renfermait pour 1,000 de terre :

Terre fine.. 976.0
Cailloux... 24.0 (siliceux).

1,000 de terre contiennent :

	TERRE FINE.	TERRE BRUTE.
Azote..	1.24	1.21
Acide phosphorique..........................	0.39	0.38
Potasse.....................................	1.35	1.32
Carbonate de chaux..........................	2.50	2.44

Cette terre noire renferme quelques débris végétaux; elle est très dure après dessiccation; elle est assez riche en humus, en azote et en potasse, mais pauvre en acide phosphorique. Elle n'offre que peu de ressources pour la culture.

N° 141. Tamotamo.

Dans un terrain inculte, à 450 mètres à l'est du poste, sur un coteau. Végétation spontanée, peu luxuriante, disparaissant en saison sèche. Altitude : 200 mètres. 6,000 hectares. Toute la région présente le même aspect. Le sol est très ferme, résiste facilement aux fortes pluies et est difficilement raviné.

L'échantillon renfermait pour 1,000 de terre :

Terre fine... 930.0
Cailloux... 70.0 (siliceux).

1,000 de terre contiennent :

	TERRE FINE.	TERRE BRUTE.
Azote..	1.01	0.94
Acide phosphorique..........................	1.13	1.05
Potasse.....................................	1.01	0.94
Carbonate de chaux..........................	1.00	0.93

Cette terre ocreuse et foncée est dure après dessiccation; elle est sensiblement riche en humus, en azote, en acide phosphorique et en potasse. Elle offre quelques ressources.

Secteur d'Ihosy.

N° 142 (nord-ouest du poste).

Riz, patates, canne à sucre. Terres d'alluvions. Vallée de l'Ihosy. Altitude : 880 mètres. Sol assez fertile en plaine, le fond de la vallée est couvert d'eau aux pluies, le limon s'y dépose. Toute la région des rizières est du même terrain.

L'échantillon renfermait pour 1,000 de terre :

Terre fine... 696.7
Cailloux... 303.3 (siliceux).

1,000 de terre contiennent :

	TERRE FINE.	TERRE BRUTE.
Azote	0.60	0.42
Acide phosphorique	0.36	0.25
Potasse	0.68	0.47
Carbonate de chaux	0.50	0.35

Cette terre ocreuse est dure après dessiccation; elle est peu riche en humus, en azote et en potasse, pauvre en acide phosphorique, et ne paraît pas offrir de grandes ressources à la culture.

Nº 143. Ihosy (6 kil. 700 sud-ouest du poste).

Herbes. Flanc de coteau. Altitude : 825 mètres. Coteau impropre à la culture, terrain rocailleux. Sol imperméable.

L'échantillon renfermait pour 1.000 de terre :

Terre fine	726.7
Cailloux	273.3 (siliceux).

1,000 de terre contiennent :

	TERRE FINE.	TERRE BRUTE.
Azote	0.91	0.66
Acide phosphorique	0.39	0.28
Potasse	2.62	1.90
Carbonate de chaux	0.50	0.36

Cette terre ocreuse et jaunâtre est très dure après dessiccation; elle contient sensiblement d'humus et d'azote, très peu d'acide phosphorique, beaucoup de potasse. Elle doit être regardée comme peu fertile.

Les échantillons prélevés dans cette région sont en nombre restreint.

Plusieurs d'entre eux sont semblables aux terres ocreuses de l'Imerina, avec une faible fertilité.

D'autres sont plutôt jaunâtres et ont une richesse ordinairement un peu plus grande en matériaux fertilisants.

En certains points les terres sont susceptibles d'être mises en culture.

Ne sachant pas quelles surfaces relatives représentent les différents types de terres que nous avons pu examiner, nous ne pouvons pas formuler une appréciation sur la valeur agricole de ce pays.

CERCLE DE BETSIRIRY.

Limites. — A l'est, la chaîne du Bongolava; à l'ouest, la chaîne du Bemaraha; au nord, le cercle d'Ankavandra; au sud et au sud-ouest, les cercles de Betafo et de Morondava.

Topographie générale. — Pays généralement plat, à l'altitude moyenne de 75 mètres. Nombreux marais. Deux cours d'eaux importants, le Mahajilo et la Mania, arrosent le cercle après avoir recueilli une partie des eaux du plateau central. Leur réunion forme la Tsiribihina. Nombreux affluents. La Tsiribihina peut être remontée par des embarcations à vapeur jusqu'à Miandrivazo, chef-lieu du cercle.

Géologie. — Terres d'alluvion en certain nombre. Beaucoup de sables agglomérés.

Climat. — Très chaud. Pendant la saison des pluies la température moyenne de la journée est de 35 degrés et celle de la nuit de 25 degrés. Pendant la saison sèche on a des nuits fraîches et une température de jour dont la moyenne est 18 degrés le matin et 28 degrés à midi. Beaucoup de moustiques. Néanmoins, le climat du Belsiriry est plus désagréable que malsain. Les Européens y sont sujets à des accès de fièvre, mais ceux-ci ont peu de gravité.

Cultures. — Peu développées, par suite de la paresse extrême des habitants; mais quelques régions fertiles dont certaines sont mises en valeur par les Hova. Assez beaux troupeaux.

Commerce et industrie. — Très peu développés. Quelques échanges. Exploitations aurifères, mais recrutement de la main-d'œuvre difficile.

Voies de communication. — Les principales sont les voies fluviales; les communications par terre se réduisent encore pour la plupart à de mauvais sentiers indigènes. Quelques-unes cependant ont été transformées depuis peu en routes muletières.

Ressources naturelles. — Importantes ressources agricoles; importants gisements aurifères dans les vallées des affluents de droite du Mahajilo.

Colonisation. — Encore peu développée, mais susceptible de s'étendre par l'exploitation des gisements aurifères. Quelques colons.

Secteur Béria.

Nº 16. Rive droite du Mahajilo, près de Beria (petite vallée).

Végétation spontanée, roseaux et grandes herbes. 100 hectares. Toute la région ne se compose pas du même terrain. Sol très fertile, quelquefois couvert par les eaux pendant la saison des pluies. Sol.

L'échantillon renfermait pour 1,000 de terre :

Terre fine... 991.7
Cailloux... 8.3 (siliceux).

1,000 de terre contiennent :

	TERRE FINE.	TERRE BRUTE.
Azote...	0.61	0.60
Acide phosphorique............................	1.23	1.22
Potasse......................................	6.29	6.24
Carbonate de chaux...........................	5.70	5.65

Cette terre ocreuse et jaunâtre est très micacée; elle est un peu friable après dessication; elle contient peu d'humus et d'azote, sensiblement d'acide phosphorique et beaucoup de potasse. Elle serait susceptible de s'améliorer beaucoup par la culture.

Nº 17. Sous-sol de l'échantillon précédent.

L'échantillon ne renfermait pas de cailloux.

1,000 de terre contiennent :

    Azote.. 0.36
    Acide phosphorique....................................... 0.98
    Potasse... 6.17
    Carbonate de chaux...................................... 5.10

Cette terre ocreuse, jaunâtre et très micacée, est un peu friable après dessiccation. C'est le sous-sol du n° 16. Comme lui, il contient peu d'azote, sensiblement d'acide phosphorique et beaucoup de potasse et serait susceptible de s'améliorer par la culture.

N° 8. Échantillon pris autour du lac situé entre le poste Devoux et le confluent du Mahajilo avec la Mania (ouest et sud-ouest du poste).

Grandes herbes. Bas-fond. 20 hectares. Toute la région n'est pas du même terrain. Sol d'une fertilité médiocre, couvert d'eau pendant les pluies.

L'échantillon renfermait pour 1,000 de terre :

    Terre fine.. 966.7
    Cailloux... 33.3 (siliceux).

1,000 de terre contiennent :

	TERRE FINE.	TERRE BRUTE.
Azote..	0.51	0.49
Acide phosphorique.............................	0.52	0.50
Potasse..	1.49	1.44
Carbonate de chaux.............................	5.00	4.83

Cette terre ocreuse et foncée est dure après dessiccation; elle est peu pourvue d'humus, d'azote et d'acide phosphorique, mais elle est riche en potasse. Elle doit être regardée comme d'une fertilité médiocre.

N° 12. Sous-sol de l'échantillon précédent.

L'échantillon renfermait pour 1,000 de terre :

    Terre fine.. 916.7
    Cailloux... 83.3 (siliceux).

1,000 de terre contiennent :

	TERRE FINE.	TERRE BRUTE.
Azote..	0.23	0.21
Acide phosphorique.............................	0.56	0.51
Potasse..	1.54	1.41
Carbonate de chaux.............................	6.00	5.50

Cette terre ocreuse est très dure après dessiccation; elle est pauvre en humus, en azote et en acide phosphorique, assez bien pourvue de potasse. C'est le sous-sol du n° 8; il n'offre pas d'intérêt au point de vue de la fertilité.

N° 9. Forêt du Bemaraha, au sud du chemin de Maroakanga et au nord de la route de Bemena.

Magnifiques forêts, essences de la côte Ouest. Vallée; 2,000 hectares à l'est du Bemaraha. Sol.

Forêt qui serait d'un grand rapport, s'il existait des moyens de communication, d'exploitation et de main-d'œuvre.

L'échantillon renfermait pour 1,000 de terre :

Terre fine.. 893.4
Cailloux.. 106.6 (siliceux).

1,000 de terre contiennent :

	TERRE FINE.	TERRE BRUTE.
Azote...	1.33	1.19
Acide phosphorique...................................	0.22	0.20
Potasse...	0.54	0.48
Carbonate de chaux...................................	2.00	1.79

Cette terre, d'un aspect de terre arable, d'un gris foncé, est très friable après dessiccation; elle est assez riche en humus et en azote, pauvre en acide phosphorique et en potasse. Elle n'offre qu'un faible fonds de fertilité.

N° 10. Sous-sol de l'échantillon précédent.

L'échantillon renfermait pour 1,000 de terre :

Terre fine.. 888.4
Cailloux.. 111.6 (siliceux).

1,000 de terre contiennent :

	TERRE FINE.	TERRE BRUTE.
Azote...	0.48	0.43
Acide phosphorique...................................	0.05	0.04
Potasse...	0.54	0.48
Carbonate de chaux...................................	0.80	0.71

Cette terre a l'aspect d'une terre arable d'un gris clair; elle est assez friable après dessiccation; elle contient peu d'humus et d'azote, ainsi que de potasse; elle est presque dépourvue d'acide phosphorique; elle forme le sous-sol de l'échantillon précédent et ne s'en distingue que par une pauvreté plus grande encore.

N° 18. Flanc Est du Bemaraha.

Sol composé de pierres calcaires. Échantillon pris à mi-côte sur la route de Bemena. Tout le flanc Est du Bemaraha a la même composition.

L'échantillon ne renfermait pas de cailloux.
1,000 de terre contiennent :

Azote.. 0.18
Acide phosphorique... 0.10
Potasse.. 2.11
Carbonate de chaux... 882.00

Cette terre d'un blanc sale est assez dure après dessiccation ; elle est extrêmement pauvre en azote et en acide phosphorique, riche en potasse et presque exclusivement formée de carbonate de chaux ; elle n'est pas apte à être mise en culture, mais peut servir d'amendement calcaire.

N° 15. Sommet de la montagne de Bemaraha, à 3oo mètres environ au sud de l'ancien poste de Bemaraha.

Végétation spontanée, médiocre. Toute la région n'est pas du même terrain. Sol infertile, la pluie ne pénètre pas. Sol.

L'échantillon renfermait pour 1,0oo de terre :

Terre fine.. 768.4
Cailloux .... 231.6 (calcaires).

1,0oo de terre contiennent :

	TERRE FINE.	TERRE BRUTE.
Azote..	0.81	0.62
Acide phosphorique................................	0.39	0.3o
Potasse...	1.55	1.19
Carbonate de chaux................................	549.oo	421.85

Cette terre, d'un blanc jaunâtre foncé, est extrêmement dure après dessiccation ; elle contient sensiblement d'azote, peu d'acide phosphorique ; elle est assez riche en potasse. Elle est formée en grande partie de calcaire et ne paraît pas offrir des conditions favorables pour la mise en culture. Elle pourrait être employée à proximité comme amendement calcaire.

N° 11. Sous-sol de l'échantillon précédent.

L'échantillon renfermait pour 1,0oo de terre :

Terre fine.. 886.7
Cailloux .... 113.3 (calcaires).

1,0oo de terre contiennent :

	TERRE FINE.	TERRE BRUTE.
Azote..	0.26	0.23
Acide phosphorique................................	0.24	0.21
Potasse...	1.47	1.3o
Carbonate de chaux................................	83o.oo	735.96

Cette terre, d'un blanc jaunâtre, est pauvre en humus, en azote et en acide phosphorique, assez riche en potasse. Elle est principalement constituée par du carbonate de chaux. C'est le sous-sol du n° 15, elle ne pourrait servir qu'à faire un amendement calcaire pour les terres avoisinantes qui manqueraient de chaux. Elle est extrêmement dure après dessiccation.

N° 13. Tsianaloka, à l'ouest de la route de Miandrivazo à Beria, à hauteur du village de Tsianaloka.

Végétation spontanée, herbe de moyenne hauteur. Mamelon. Plaine mamelonnée de composition uniforme entre le Mahajilo et la forêt de Bemaraha. Terrain à peu près nul sous le rapport de la fertilité. Les pluies d'hivernage y pénètrent un peu. Sol.

L'échantillon renfermait pour 1,000 de terre :

Terre fine..	663.4
Cailloux..	336.6 (siliceux).

1,000 de terre contiennent :

	TERRE FINE.	TERRE BRUTE.
Azote..	0.43	0.28
Acide phosphorique..................................	0.13	0.08
Potasse..	0.10	0.07
Carbonate de chaux................................	1.50	0.99

Cette terre, d'un blanc grisâtre, est assez friable après dessiccation ; elle est très pauvre en humus et en azote, extrêmement pauvre en acide phosphorique et en potasse, et ne présente aucun intérêt pour la mise en culture.

N° 14. Sous-sol de l'échantillon précédent.

L'échantillon renfermait pour 1,000 de terre :

Terre fine..	546.3
Cailloux..	453.7 (siliceux)

1,000 de terre contiennent :

	TERRE FINE.	TERRE BRUTE.
Azote..	0.29	0.16
Acide phosphorique..................................	0.07	0.03
Potasse..	0.39	0.21
Carbonate de chaux................................	1.20	0.65

Cette terre, d'un blanc grisâtre, est assez friable après dessiccation, elle est très pauvre en humus et en azote, pauvre en potasse et presque dépourvue d'acide phosphorique ; c'est le sous-sol du n° 13 ; il n'a aucun intérêt au point de vue cultural.

Secteur de Miandrivazo.

N° 19. Taboara, dans la vallée de Mahajilo, à 2 kilomètres de la rive gauche, en plaine.

Végétation spontanée, herbes. Altitude : 70 mètres. 600 hectares. Région comprise entre le Mahajilo, la Mania et le Bongolava. Superficie : 15,000 hectares, dont un tiers environ recouvert par cette terre, mais sans être d'un seul tenant. Sol fertile.

L'échantillon renfermait pour 1,000 de terre :

Terre fine..	991.3
Cailloux..	8.7 (siliceux) [1].

[1] Trace de calcaire.

de 1,000 de terre contiennent :

	TERRE FINE.	TERRE BRUTE.
Azote	0.76	0.75
Acide phosphorique	1.30	1.29
Potasse	5.15	5.10
Carbonate de chaux	7.00	6.94

Cette terre, d'un jaune ocreux et micacée, est dure après dessiccation ; elle contient sensiblement d'humus et d'azote ; elle est assez riche en acide phosphorique et très riche en potasse. Elle serait susceptible de s'améliorer par la culture.

N° 20. Miandrivazo, dans la vallée du Mahajilo, en plaine, 70 mètres d'altitude. Herbes appelées *Bararata*. 4 ares. Sol fertile, inondé 2 ou 3 mois à la saison des pluies.

L'échantillon renfermait pour 1,000 de terre :

Terre fine	990.0
Cailloux	10.0 (siliceux).

1,000 de terre contiennent :

	TERRE FINE.	TERRE BRUTE.
Azote	0.81	0.80
Acide phosphorique	1.41	1.39
Potasse	5.63	5.57
Carbonate de chaux	5.00	4.95

Cette terre ocreuse, jaunâtre et micacée, est dure après dessiccation ; elle contient sensiblement d'humus et d'azote ; elle est riche en acide phosphorique et très riche en potasse. Elle renferme assez d'éléments fertilisants pour fournir une terre de bonne fertilité.

N° 21. Miandrivazo, dans la vallée du Mahajilo, à 50 mètres du bord, en plaine. Altitude : 70 mètres. Herbes, terrain argileux. 2 ares. Sol fertile, non inondé par les pluies ; se recouvre alors d'une herbe épaisse.

L'échantillon renfermait pour 1,000 de terre :

Terre fine	943.8
Cailloux	56.2 (siliceux).

1,000 de terre contiennent :

	TERRE FINE.	TERRE BRUTE.
Azote	0.31	0.29
Acide phosphorique	0.44	0.41
Potasse	2.65	2.50
Carbonate de chaux	2.10	1.98

Cette terre ocreuse, jaunâtre et légèrement micacée, est dure après dessiccation ; elle est très pauvre en humus et en azote, de même qu'en acide phosphorique, mais riche en potasse. Elle offre des conditions de fertilité moindres que la précédente.

N° 22. Échantillon pris à 5oo mètres à l'ouest de Kiranomena, à la naissance de la vallée de l'Atobenradafia, affluent de droite du Sakasaratsy, qui se jette dans la Mahajilo, rive gauche.

Herbe. Terrain argileux. Altitude : 6oo mètres. Largeur : 1oo mètres de chaque rive, uniforme.

L'échantillon renfermait pour 1,ooo de terre :

Terre fine... 965.o
Cailloux .... 35.o (siliceux).

1,ooo de terre contiennent :

	TERRE FINE.	TERRE BRUTE.
Azote...	o.45	o.43
Acide phosphorique.......................................	o.31	o.3o
Potasse...	o.88	o.85
Carbonate de chaux.......................................	1,8o	1,74

Cette terre ocreuse, d'un rouge vif, est très dure après dessiccation. Elle contient peu d'humus, d'azote et d'acide phosphorique, sensiblement de potasse. Elle n'offre que peu de ressources de fertilité.

N° 23. Échantillon pris à 5oo mètres au sud du poste de Kiranomena.
A flanc de coteau. Pente faible. Altitude : 7oo mètres. Région uniforme. Herbe.

L'échantillon renfermait pour 1,ooo de terre :

Terre fine... 936.7
Cailloux .... 63.3 (siliceux).

1,ooo de terre contiennent :

	TERRE FINE.	TERRE BRUTE.
Azote...	o.78	o.73
Acide phosphorique.......................................	o.57	o.53
Potasse...	1.23	1.15
Carbonate de chaux.......................................	2.3o	2.15

Cette terre ocreuse est dure après dessiccation ; elle renferme sensiblement d'humus et d'azote, peu d'acide phosphorique et assez de potasse. Elle n'offre pas de très grandes ressources de fertilité.

Secteur de Manandaza.
N° 24. Échantillon pris à 5oo mètres au sud du poste de Manandaza, dans la vallée de Manandaza, à 15 mètres au-dessus du fleuve.

Herbe. 4 ares. Toute la région entre la rivière de Manandaza et la montagne Bemaraha se compose du même terrain.

L'échantillon renfermait pour 1,ooo de terre :

Terre fine... 561.7
Cailloux .... 438.3 (siliceux).

1,000 de terre contiennent :

	TERRE FINE.	TERRE BRUTE.
Azote	1.34	0.75
Acide phosphorique	1.15	0.64
Potasse	1.10	0.62
Carbonate de chaux	8.00	4.49

Cette terre, d'un gris sale, est dure après dessiccation ; elle contient en sensible proportion tous les éléments fertilisants, et semble propre à faire une terre de fertilité moyenne.

N° 25. Manandaza, sur les dernières pentes du Bongolava, à 3 kil. 500 à l'est du poste de Manandaza, à 25 ou 30 mètres au-dessus du fleuve.

Herbes, terrain argileux. 50 hectares. Toute la région à l'est de la Manandaza se compose du même terrain.

L'échantillon renfermait pour 1,000 de terre :

Terre fine	630.0
Cailloux	370.0 (siliceux).

1,000 de terre contiennent :

	TERRE FINE.	TERRE BRUTE.
Azote	0.76	0.48
Acide phosphorique	0.74	0.47
Potasse	1.77	1.11
Carbonate de chaux	2.60	1.64

Cette terre, d'un gris terreux, est très dure après dessiccation ; elle renferme sensiblement d'humus, d'azote et d'acide phosphorique ; elle est riche en potasse. Elle n'offre pas de très grandes ressources de fertilité.

N° 26. Manandaza. Échantillon prélevé à 1 kil. 200 au nord-est du poste de Manandaza, dans la vallée ; altitude : 80 mètres.

Végétation : *Bararata*, rizières ; 4 hectares. Toute la vallée se compose du même terrain.

L'échantillon renfermait pour 1,000 de terre :

Terre fine	993.7
Cailloux	6.3 (siliceux).

1,000 de terre contiennent :

	TERRE FINE.	TERRE BRUTE.
Azote	0.48	0.48
Acide phosphorique	0.69	0.68
Potasse	5.96	5.92
Carbonate de chaux	1.30	1.29

Cette terre ocreuse, jaunâtre et très micacée, est assez friable après dessiccation ; elle contient peu d'humus, d'azote et d'acide phosphorique, mais beaucoup de potasse.

Elle offre des ressources de fertilité médiocres, malgré l'abondance de ce dernier élément.

Le Betsiriry comprend des terres très différentes de celles que nous avons examinées.

Nous y rencontrons des terres ocreuses plus ou moins jaunâtres et plus ou moins mélangées de mica, qui se distinguent de celles de l'Imerina par une plus forte teneur en potasse et qui, par suite, ont une supériorité sur ces dernières, sans cependant qu'on puisse, en général, les considérer comme des terres très fertiles.

D'autres, qui paraissent plus répandues et auxquelles on attribue une origine triasique, sont généralement d'une couleur plus claire et l'oxyde de fer y est moins abondant. Elles sont aussi plus perméables et plus meubles que les terres ocreuses et sont, par suite, d'un travail plus facile.

On y trouve des quantités de chaux appréciables et quelquefois on a affaire à du calcaire presque pur.

Cependant, d'une façon générale, elles ne sont pas très riches et ce serait plutôt leur nature physique, moins défavorable, que leur réserve en principes fertilisants qui doivent engager les colons à en tirer parti. Elles sont d'ailleurs bien arrosées, ce qui en augmente encore la valeur.

Quant aux terrains dénudés et pierreux qu'on y signale et qui forment de véritables causses, il n'y a pas lieu de leur attribuer la moindre importance agricole.

CERCLE DE MEVATANANA

Limites. — Au nord, la province de Majunga; à l'est, le cercle d'Andriamena; au sud, le cercle d'Ankazobé; à l'ouest, le cercle de la Mahavavy.

Topographie générale. — Une série de hauts plateaux séparant les vallées de l'Ikopa et de la Betsiboka et utilisés pour la route carrossable de Majunga à Tananarive. Sur ces plateaux l'altitude atteint 1,600 mètres et la température y est relativement basse. Au nord, le terrain s'infléchit rapidement pour tomber, à Masidrano, à l'altitude de 80 mètres.

Le pays est très arrosé. Deux grands fleuves, l'Ikopa et la Betsiboka et de nombreux affluents.

Climat. — Plus froid qu'en Imerina sur les plateaux, beaucoup plus chaud qu'en Imerina à Mevatanana et dans les régions basses. L'état sanitaire, qui est excellent sur les plateaux, est passable à Andriba et laisse souvent à désirer à Mevatanana et Marololo, qui sont très fiévreux, surtout pendant la saison des pluies. Pour s'y maintenir en bonne santé, les Européens doivent se soumettre à une hygiène sévère.

Géologie. — Sur les plateaux, terres analogues à celles de l'Imerina. Vers le nord et dans certaines vallées, terrains provenant de la décomposition des roches quartzeuses. Nombreux gisements aurifères.

Cultures. — Les cultures ont pris un assez grand développement depuis quelques années, principalement dans les régions de Mevatanana et d'Andriba. Les indigènes semblent vouloir s'y adonner sérieusement.

Commerce et industrie. — Le commerce est très important à Mevatanana, point terminus de la navigation fluviale de l'Ikopa. Il est en grande partie entre les mains des Indiens. Ils font de grands progrès à Andriba et dans les principaux centres de la route d'étapes.

L'industrie, encore primitive il y a quelque temps, commence à prendre son essor. Briqueteries et tuileries à Mevatanana et à Marololo, fours à chaux; fabriques de rabannes, etc. Enfin, industrie de l'exploitation aurifère.

Voies de communication. — Grande route carrossable de Majunga à Tananarive. Nombreux chemins muletiers. Voie fluviale importante. Les petits vapeurs et les chalands à faible tirant d'eau remontent jusqu'à Mevatanana pendant une grande partie de l'année.

Ressources naturelles. — Gisements aurifères. Nombreux gisements calcaires, minerais de fer.

Colonisation. — Malgré l'insalubrité de son climat, Mevatanana est un centre important d'Européens qu'attirent les exploitations aurifères et les entreprises commerciales. On trouve aussi quelques colons à Marololo et à Andriba. La presque totalité de la superficie du cercle a été donnée en concession pour l'exploitation aurifère à la Compagnie des mines d'or de Suberbieville et de la Côte Ouest de Madagascar.

N° 178. *Secteur Menavava.*

Échantillon pris à Okiribitra au nord à 400 mètres, sur la route d'Andahibé.

Grandes herbes de 2 mètres à 2 m,50 appelées *Vero* de l'Iabohazo. Toute la région, d'une superficie approximative de 200,000 hectares, se compose du même terrain. Sol très jaune à base sablonneuse; se maintient humide pendant la saison des pluies, sans se fendiller.

L'échantillon ne renfermait pas de cailloux.

1,000 de terre contiennent :

```
Azote...........................................  0.83
Acide phosphorique..............................  0.59
Potasse.........................................  1.08
Carbonate de chaux..............................  8.80
```

Cette terre jaunâtre est peu riche en humus, en azote et en acide phosphorique; elle est sensiblement riche en potasse. Elle présente un faible fonds de fertilité.

N° 181. *Secteur de Mevatanana.*

Près de Mevatanana, à 800 mètres au sud du poste, à flanc de coteau.

Herbe jaunâtre appelée *titra*. Toute la région se compose du même terrain.

L'échantillon renfermait pour 1,000 de terre :

```
Terre fine......................................  860.0
Cailloux........................................  140.0
```

1,000 de terre contiennent :

	TERRE FINE.	TERRE BRUTE.
Azote...............................	1.01	0.87
Acide phosphorique..................	0.08	0,07
Potasse.............................	13.36	11.49
Carbonate de chaux..................	traces.	traces.

Cette terre jaunâtre foncée contient sensiblement d'humus et d'azote; elle est presque dépourvue d'acide phosphorique, mais renferme des proportions exceptionnellement élevées de potasse. Elle ne présente qu'un faible fonds de fertilité.

On ne saurait juger d'après ces deux analyses de la valeur agricole de la région de Mevatanana.

PROVINCE DE DIÉGO-SUAREZ.

Limites. — Au nord, à l'est et à l'ouest la mer; au sud, les provinces de Vohémar et de la Grande terre.

Topographie générale. — Un massif important, celui de la montagne d'Ambre (1,300 mètres d'altitude), d'où descendent d'assez nombreux cours d'eau.

Géologie. — Le massif d'Ambre est d'origine volcanique. Massifs calcaires de la montagne des Français d'Ambohimarina et du mont Carré.

Climat. — Assez chaud à Diégo-Suarez (température moyenne : 25 degrés centigrades), doux sur la montagne d'Ambre (12° degrés centigrades de température moyenne) où sont installés des sanatoria. Une ville est en formation à la montagne d'Ambre. En résumé, l'Européen peut vivre parfaitement dans les diverses parties de la province.

Cultures. — Grande fertilité dans toutes les parties de la province; toutes les cultures, tropicales ou européennes, réussissent à souhait. Très heureux résultats pour le café et le caoutchouc. Immenses troupeaux.

Commerce et industrie. — Commerce d'importation et d'exportation très développé.

Industrie en progrès constant; usines de conserves de viande; salines en pleine exploitation.

Voies de communication. — Plusieurs routes carrossables, dont une conduit de Diégo-Suarez à la Montagne d'Ambre. Nombreuses routes muletières.

Ressources naturelles. — Calcaires, bois précieux dans les diverses forêts de la province. Marais salants.

Colonisation. — Très développée et en progrès. Environ 200 Européens.

N° 184. Anamakia. N° 3.

L'échantillon ne renfermait pas de cailloux.
1,000 de terre contiennent :

Azote	1.24
Acide phosphorique	3.80
Potasse	1.61
Carbonate de chaux	6.20

Cette terre ocreuse et foncée se rapprochant des terres arables est dure après dessiccation; elle est très bien pourvue d'humus, d'azote, d'acide phosphorique et de potasse, ainsi que de carbonate de chaux. Elle offre un très bon fonds de fertilité.

N° 222. Diégo-Suarez. N° 5.

Montagne d'Ambre. Ce point est situé en plaine, à 150 mètres au sud de la demeure de M. Grandin, colon; à 900 mètres d'altitude. Le sol est couvert de végétation spontanée et de caféiers, plantes fourragères, maïs, haricots, etc. Toute la région se compose à peu de chose près du même terrain, 200 à 300 hectares, à 37 kilomètres à l'ouest de Diégo-Suarez. Terrain argileux, recouvert d'une forte couche d'humus. Ce terrain est très fertile en raison de l'humidité constante qui règne à cette altitude. Terre se tenant bien pendant les pluies.

L'échantillon ne renfermait pas de cailloux.

1,000 de terre contiennent :

Azote	2.22
Acide phosphorique	7.97
Potasse	0.44
Carbonate de chaux	0.30

Cette terre a l'aspect d'une terre arable très foncée, elle est très dure après dessiccation ; elle est riche en humus et en azote, extrêmement riche en acide phosphorique, pauvre en potasse. Elle offre cependant des ressources assez grandes à la culture.

N° 223. Diégo-Suarez. N° 6.

Sakaramy.

Ce point est situé en plaine, à 210 mètres au nord du poste de police. Altitude : 480 mètres. Le sol est couvert de végétation spontanée (herbe). La région se compose du même terrain, 700 à 800 hectares à l'ouest de Diégo-Suarez. Région volcanique ; sol très fertile, mais les vents qui balayent les plateaux pendant la saison sèche empêchent la plupart des cultures. Le sol se comporte bien pendant les pluies.

Azote	4.45
Acide phosphorique	3.28
Potasse	0.76
Carbonate de chaux	0.30

Cette terre a l'aspect d'une terre arable noirâtre ; elle est dure, mais assez friable après dessiccation ; elle est très riche en humus, en azote et en acide phosphorique, sensiblement riche en potasse. Cette terre offre de grandes ressources. Elle pourrait s'améliorer beaucoup par un amendement calcaire.

N° 331. Diégo-Suarez. Montagne d'Ambre.

Propriété Pierre Mogenet. Terre prise à 0 m. 30 de profondeur, dans une partie de la concession exempte de fumure. Plantation de caféiers. Toutes les terres de la montagne d'Ambre, de 800 à 1,000 mètres, sont semblables à l'échantillon.

L'échantillon ne renfermait pas de cailloux.

1,000 de terre contiennent :

Azote	1.77
Acide phosphorique	4.15
Potasse	0.31
Carbonate de chaux	traces.

Cette terre a l'aspect d'une terre arable, d'une couleur ocreuse très foncée ; elle est dure après dessiccation. Elle est riche en humus et en azote, très riche en acide phosphorique ; elle contient un peu de potasse. Elle offre d'assez grandes ressources.

N° 332. Diégo-Suarez. Montagne d'Ambre.
Propriété Pierre Mogenet (plantations de caféiers). Terre prise à o m. 3o de profondeur.

Toutes les terres de la Montagne d'Ambre, de 8oo mètres à 1,000 mètres d'altitude, sont semblables à l'échantillon.

L'échantillon ne renfermait pas de cailloux.

1,000 de terre contiennent :

        Azote... 1.84
        Acide phosphorique................................ 4.05
        Potasse... 0.20
        Carbonate de chaux................................ traces.

Cette terre a l'aspect d'une terre arable de couleur ocreuse très foncée ; elle est dure après dessiccation. Elle est riche en humus et en azote, très riche en acide phosphorique et pauvre en potasse. Elle présente d'assez grandes ressources.

N° 344. N° 1 (sac rayé rouge).

L'échantillon ne renfermait pas de cailloux.

1,000 de terre contiennent :

        Azote... 2.61
        Acide phosphorique................................ 7.48
        Potasse... 0.10
        Carbonate de chaux................................ traces.

Cette terre a l'aspect d'une terre arable de couleur ocreuse très foncée ; elle est dure après dessiccation. Elle est très riche en humus et en azote, extrêmement riche en acide phosphorique, mais très pauvre en potasse. Elle offre de grandes ressources qui s'augmenteraient par l'apport d'amendements ou d'engrais potassiques.

N° 345. N° 2 (sac rayé rouge).

L'échantillon ne renfermait pas de cailloux ;

1,000 de terre contiennent :

        Azote... 0.18
        Acide phosphorique................................ 1.88
        Potasse... 0.12
        Carbonate de chaux................................ traces.

Cette terre de couleur jaune grisâtre est dure après dessiccation. Elle est très pauvre en humus, en azote et en potasse, riche en acide phosphorique. Elle présente quelques ressources.

N° 346. N° 3 (sac rayé rouge).

L'échantillon ne renfermait pas de cailloux.

1,000 de terre contiennent :

        Azote... 1.69
        Acide phosphorique................................ 1.05
        Potasse... 0.10
        Carbonate de chaux................................ traces.

Cette terre, de couleur ocreuse humifère, est dure après dessiccation. Elle est riche en humus et en azote, contient sensiblement d'acide phosphorique et très peu de potasse. Elle présente quelques ressources.

N° 347. N° 4 (sac rayé rouge).

L'échantillon ne renfermait pas de cailloux. 1000 de terre contiennent :

Azote	1.60
Acide phosphorique	4.47
Potasse	0.12
Carbonate de chaux	traces.

Cette terre a l'aspect d'une terre arable de couleur ocreuse. Elle est assez dure après dessiccation ; elle est riche en humus et en azote, très riche en acide phosphorique, mais très pauvre en potasse. Elle présente certaines ressources.

N° 348. N° 5.

L'échantillon ne renfermait pas de cailloux. 1,000 de terre contiennent :

Azote	0.49
Acide phosphorique	2.11
Potasse	0.05
Carbonate de chaux	traces.

Cette terre, de couleur ocreuse, est assez dure après dessiccation. Elle est très pauvre en humus et en azote, riche en acide phosphorique et extrêmement pauvre en potasse. Elle présente d'assez faibles ressources.

N° 349. Terre provenant du Sakaramy, où sont plantés des caféiers d'un bel aspect. 800 mètres au nord du poste. Altitude : 420 mètres.

L'échantillon ne renfermait pas de cailloux. 1,000 de terre contiennent :

Azote	1.50
Acide phosphorique	1.73
Potasse	0.14
Carbonate de chaux	traces.

Cette terre a l'aspect d'une terre arable de couleur ocreuse ; elle est assez friable après dessiccation. Elle est riche en humus, en azote et en acide phosphorique et très pauvre en potasse. Elle présente certaines ressources.

N° 352. Babaomby.

L'échantillon ne renfermait pas de cailloux.

1,000 de terre contiennent :

Azote	1.22
Acide phosphorique	1.81
Potasse	0.96
Carbonate de chaux	205.00

Cette terre a l'aspect d'une terre arable; elle est de couleur gris cendré, dure après dessiccation. Elle contient sensiblement d'humus et d'azote; elle est riche en acide phosphorique et assez riche en potasse; elle est en outre très calcaire. Elle présente de grandes ressources.

N° 353. Anamakia.

L'échantillon ne renfermait pas de cailloux.
1,000 de terre contiennent :

Azote	1.77
Acide phosphorique	3.52
Potasse	0.17
Carbonate de chaux	traces.

Cette terre a l'aspect d'une terre arable; elle est humifère et dure après dessiccation. Elle est riche en humus et en azote, très riche en acide phosphorique, très pauvre en potasse. Elle présente d'assez grandes ressources.

N° 396. N° 1, sac blanc.

L'échantillon ne renfermait pas de cailloux.
1,000 de terre contiennent :

Azote	0.89
Acide phosphorique	2.11
Potasse	0.14
Carbonate de chaux	traces.

Cette terre a l'aspect d'une terre arable de couleur ocreuse et foncée. Elle est dure après dessiccation. Elle est sensiblement riche en humus et en azote, extrêmement riche en acide phosphorique et très pauvre en potasse. Elle présente d'assez grandes ressources.

N° 397. N° 2, sac blanc.

L'échantillon ne renfermait pas de cailloux.
1,000 de terre contiennent :

Azote	0.77
Acide phosphorique	3.27
Potasse	0.12
Carbonate de chaux	traces.

Cette terre a l'aspect d'une terre arable. Elle est dure après dessiccation. Elle contient sensiblement d'humus et d'azote, beaucoup d'acide phosphorique et très peu de potasse. Elle présente des ressources à la culture.

N° 398. N° 3, sac blanc.

L'échantillon ne renfermait pas de cailloux.
1,000 de terre contiennent :

Azote..	0.77
Acide phosphorique...................................	3.05
Potasse...	0.10
Carbonate de chaux	traces.

Cette terre, de couleur ocreuse foncée, est dure après dessiccation. Elle est sensiblement riche en humus et en azote, très riche en acide phosphorique et très pauvre en potasse. Elle présente des ressources à la culture.

N° 399. N° 4, sac blanc.

L'échantillon ne renfermait pas de cailloux.
1,000 de terre contiennent :

Azote..	0.78
Acide phosphorique...................................	1.43
Potasse...	0.12
Carbonate de chaux..................................	traces.

Cette terre ocreuse foncée est dure après dessiccation. Elle est sensiblement riche en humus et en azote, assez riche en acide phosphorique et très pauvre en potasse. Elle offre des ressources à la culture.

Les terres prélevées dans la province de Diégo-Suarez se présentent avec une assez grande variété.

Quelques-unes d'entre elles sont calcaires; d'autres sont ocreuses, mais toutes paraissent avoir été modifiées par le mélange avec des terrains volcaniques.

D'une manière générale, toutes ces terres sont d'une grande richesse.

Elles sont le plus souvent humifères et contiennent beaucoup d'azote; l'acide phosphorique y est très abondant et constitue un fonds de fertilité qu'on peut regarder comme inépuisable, d'autant plus que cet acide phosphorique existe en aussi grande quantité dans le sous-sol que dans la couche arable. Peu de régions sont aussi favorisées à ce point de vue.

La potasse est répartie d'une façon irrégulière; quelques terres en contiennent en suffisance; d'autres n'en ont que de très faibles quantités. L'absence de cet élément dans certains sols diminue certainement leur aptitude à la culture. L'apport d'engrais potassiques, qui peuvent être amenés à peu de frais dans cette région d'un accès facile, aura probablement pour effet de développer beaucoup la production végétale. Dans ce cas particulier, où il n'y a pas à compter avec des transports onéreux, l'emploi d'engrais peut être conseillé.

A la richesse du sol vient s'ajouter l'influence d'une température élevée et de pluies assez abondantes, bien qu'irrégulièrement réparties. Toutes les conditions se trouvent ici réunies pour donner naissance à un plus grand développement végétal.

MM. Müntz et Rousseaux. 9

CÔTE EST.

Limites. — Bande côtière de l'Est s'appuyant à l'arête faîtière, sur un développement de 1,000 kilomètres du Nord au Sud.

Topographie générale. — Nombreux cours d'eau côtiers de peu de parcours et aux vallées généralement droites. Nombreux terrains d'alluvion.

Climat. — Pluies fréquentes toute l'année. Climat salubre dans la province de Vohémar, moins salubre à Tamatave et à Andévorante, assez salubre à Mananjary. Les Européens peuvent vivre aisément sur toute la côte Est, mais ils doivent ménager leurs forces.

Géologie. — Terrains sédimentaires nombreux.

Cultures. — Dans le Nord, pays d'élevage; dans le Sud, pays de culture. Terres en général assez fertiles, aptes à toutes les cultures tropicales qui sont particulièrement développées et prospères dans les provinces de Tamatave, Andévorante et Mananjary. Élevage important dans le Nord.

Commerce et industrie. — Commerce considérable de tous les produits d'importation et d'exportation. Tous les ports de la côte Est, dont le plus important de beaucoup est Tamatave, servent de débouchés.

Industrie en progrès constant. On commence à trouver les principales spécialités employant d'ailleurs des procédés encore assez primitifs.

Voies de communication. — Très nombreuses routes, dont la principale est la grande route carrossable de Tamatave à Tananarive.

Ressources naturelles. — Importantes ressources agricoles et forestières.

Colonisation. — Plus développée que dans toute autre partie de l'île.

PROVINCE DE VOHÉMAR.

N° 202. District d'Antsahabé. Antsakoa (1 jour 1/2 au Nord).
Vallées. Paturages et rizières.

L'échantillon renfermait pour 1,000 de terre :

Terre fine.. 890.0
Cailloux... 110.0 (siliceux).

1,000 de terre contiennent :

	TERRE FINE.	TERRE BRUTE.
Azote..	0.57	0.51
Acide phosphorique.....................................	0.08	0.07
Potasse...	2.68	2.38
Carbonate de chaux.....................................	traces.	traces.

Cette terre, d'un jaune terreux et légèrement micacée, est dure après dessiccation; elle est pauvre en humus et en azote, dépourvue d'acide phosphorique et de calcaire, mais riche en potasse. Elle n'offre aucun fonds de fertilité.

N° 203. Ambaliha. Daraina (1 jour 1/2 au Nord).
Vallée cultureuse; quelques pâturages, rizières.

L'échantillon ne renfermait pas de cailloux.
1,000 de terre contiennent :

Azote...	0.19
Acide phosphorique..	0.34
Potasse...	0.32
Carbonate de chaux..	55.00
Carbonate de magnésie..	550.00

Cette terre blanche est très pauvre en humus, en azote, en acide phosphorique et en potasse, assez riche en carbonate de chaux, et formée en majeure partie par du carbonate de magnésie. Elle est peu propre à la culture.

N° 204. District d'Antsampanela-Anovankary (1/2 jour au Sud).
Vallée ; pâturages et rizières.

L'échantillon ne renfermait pas de cailloux.
1,000 de terre contiennent :

Azote...	1.70
Acide phosphorique..	0.60
Potasse...	1.81
Carbonate de chaux..	1.10

Cette terre a l'aspect d'une terre arable foncée ; elle est dure après dessiccation ; elle est riche en humus, en azote et en potasse, peu riche en acide phosphorique. Elle offre quelques ressources.

N° 206. Ankapila (2 jours).
Vallée ; culture du riz, patates, manioc, canne à sucre.

L'échantillon ne renfermait pas de cailloux.
1,000 de terre contiennent :

Azote...	0.49
Acide phosphorique..	0.11
Potasse...	1.36
Carbonate de chaux..	traces.

Cette terre, d'un jaune clair, est très dure après dessiccation ; elle est pauvre en humus et en azote, extrêmement pauvre en acide phosphorique, assez riche en potasse. Elle offre très peu de ressources pour la culture.

N° 209. Manasamoly. District de Daraina. Hauteur.

L'échantillon ne renfermait pas de cailloux.
1,000 de terre contiennent :

Azote...	0.60
Acide phosphorique..	0.06
Potasse...	1.02
Carbonate de chaux..	traces.

Cette terre ocreuse, d'un rouge vif, est dure après dessiccation ; elle est pauvre en humus et en azote, dépourvue d'acide phosphorique, mais contient sensiblement de potasse. Elle n'offre aucun fonds de fertilité.

N° 209 *bis*. Dajona. Hauteur. Belolo. District de Daraina.

L'échantillon ne renfermait pas de cailloux.
1,000 de terre contiennent :

Azote..	0.21
Acide phosphorique...	0.01
Potasse...	0.30
Carbonate de chaux...	4.00

Cette terre ocreuse est extrêmement dure après dessiccation ; elle est presque totalement dépourvue d'éléments fertilisants, et n'offre aucune valeur culturale.

N° 210. Antsampanila (1 jour au Nord).
Colline. Pâturages.

L'échantillon ne renfermait pas de cailloux.
1,000 de terre contiennent :

Azote..	0.71
Acide phosphorique...	0.33
Potasse...	0.20
Carbonate de chaux...	0.50

Cette terre ocreuse, d'un rouge vif, est extrêmement dure après dessiccation ; elle est pauvre en tous les éléments fertilisants et n'offre pas un fonds de fertilité suffisant.

N° 211. Andrafainkona. Hauteur.

L'échantillon ne renfermait pas de cailloux.
1,000 de terre contiennent :

Azote..	0.47
Acide phosphorique...	0.08
Potasse...	0.22
Carbonate de chaux...	traces.

Cette terre, d'un jaune ocreux, est extrêmement dure après dessiccation ; elle est pauvre en tous les éléments fertilisants et n'offre aucun fonds de fertilité.

N° 211 *bis*. Antsirabé.

L'échantillon ne renfermait pas de cailloux.
1,000 de terre contiennent :

Azote..	0.40
Acide phosphorique...	0.35
Potasse...	0.73
Carbonate de chaux...	traces.

Cette terre, d'un jaune blanchâtre, est extrêmement dure après dessiccation; elle contient en faible proportion les éléments fertilisants et n'offre qu'un faible fonds de fertilité.

N° 212. Ambohimalaza. District du chef Adanibona (1 jour au Nord).
Colline: fougère et taillis.

L'échantillon ne renfermait pas de cailloux.
1,000 de terre contiennent :

Azote..	0.68
Acide phosphorique..	0.04
Potasse..	0.07
Carbonate de chaux...	traces.

Cette terre, d'un jaune ocreux, est dure après dessiccation ; elle contient une petite quantité d'humus et d'azote, pas d'acide phosphorique, ni de potasse. Elle est impropre à la culture.

N° 213. Ambavala. District du chef Adanibona. Hauteur.

L'échantillon ne renfermait pas de cailloux.
1,000 de terre contiennent :

Azote	0.52
Acide phosphorique..	0.18
Potasse	0.29
Carbonate de chaux...	0.20

Cette terre ocreuse, jaunâtre, est très dure après dessiccation; elle est très pauvre en éléments fertilisants et peu propre à la mise en culture.

N° 214. Ambohimena. District d'Ambaniho. (3 heures au Sud).
Colline. Terre argileuse sans culture.

L'échantillon ne renfermait pas de cailloux.
1,000 de terre contiennent :

Azote	0.72
Acide phosphorique..	0.11
Potasse	0.30
Carbonate de chaux...	traces.

Cette terre ocreuse est très dure après dessiccation; elle renferme peu d'azote, très peu d'acide phosphorique et de potasse; elle est impropre à la culture.

N° 215. Antsahalalina. District d'Ambaniho. Vallée. 3 heures au Sud. Pâturages et rizières.

L'échantillon ne renfermait pas de cailloux.
1,000 de terre contiennent :

Azote	0.45
Acide phosphorique..	0.19
Potasse	0.08
Carbonate de chaux...	traces.

Cette terre a l'aspect d'une terre arable, elle est assez friable après dessiccation ; elle est pauvre en humus et en azote, très pauvre en acide phosphorique et en potasse et impropre à la culture.

N° 216. Tsarabaria (à 10 heures).
Colline. Végétation arborescente.

L'échantillon ne renfermait pas de cailloux.
1,000 de terre contiennent :

Azote. 0.53
Acide phosphorique. 0.03
Potasse 0.68
Carbonate de chaux. 0.20

Cette terre ocreuse, d'un rouge vif, est extrêmement dure après dessiccation ; elle renferme peu d'azote et de potasse ; elle est presque dépourvue d'acide phosphorique. Elle est impropre à la culture.

N° 217. Tsarabaria. Sud.
Vallée. Rizières.

L'échantillon ne renfermait pas de cailloux.
1,000 de terre contiennent :

Azote. 1.27
Acide phosphorique. 0.71
Potasse 0.34
Carbonate de chaux. 1.50

Cette terre noirâtre est très dure après dessiccation ; elle renferme sensiblement d'humus et d'azote, un peu d'acide phosphorique et très peu de potasse. Elle offre **un** faible fonds de fertilité.

N° 220. Sakatia (1 jour au Sud).
Vallée. Marais. Rizières.

L'échantillon ne renfermait pas de cailloux.
1,000 de terre contiennent :

Azote. 0.78
Acide phosphorique. 1.50
Potasse 3.20
Carbonate de chaux. 1.80

Cette terre a l'aspect d'une terre arable ; elle est très dure après dessiccation ; elle est peu riche en humus et en azote, riche en acide phosphorique et en potasse. Elle présente un certain fonds de fertilité.

N° 221. Mangily (3 jours au Nord).
Hauteur. Colline. Terrain boisé et pâturages.

L'échantillon ne renfermait pas de cailloux.
1,000 de terre contiennent :

Azote.	0.61
Acide phosphorique	0.11
Potasse	0.34
Carbonate de chaux	traces.

Cette terre ocreuse, d'un rouge vif, est extrêmement dure après dessiccation. Elle est pauvre en éléments fertilisants et n'offre aucune ressource pour la culture.

N° 334. Ankatoko. District de Sambara.
Terre prise à flanc de coteau dans un terrain de brousse.

L'échantillon ne renfermait pas de cailloux.
1,000 de terre contiennent :

Azote	0.55
Acide phosphorique	0.17
Potasse	0.37
Carbonate de chaux	traces.

Cette terre jaunâtre est assez dure après dessiccation; elle est pauvre en humus et en azote, très pauvre en acide phosphorique et contient un peu de potasse. Elle ne présente que de faibles ressources.

N° 335. Lokohy. District de Sambara.
Terre mélangée de noir, prise dans une vallée, dans un terrain d'une végétation spontanée et fertile.

L'échantillon ne renfermait pas de cailloux.
1,000 de terre contiennent :

Azote.	1.30
Acide phosphorique	1.96
Potasse	0.08
Carbonate de chaux	traces.

Cette terre ocreuse foncée est assez dure après dessiccation; elle est assez riche en humus et en azote, riche en acide phosphorique, extrêmement pauvre en potasse. Elle offre certaines ressources.

N° 339. N° 8 (sans dossier).

L'échantillon ne renfermait pas de cailloux.
1,000 de terre contiennent :

Azote	0.85
Acide phosphorique	0.34
Potasse	0.12
Carbonate de chaux	traces.

Cette terre ocreuse est assez dure après dessiccation; elle est sensiblement riche en humus et en azote, pauvre en acide phosphorique, très pauvre en potasse. Elle n'offre que de très faibles ressources.

N° 406. Loky. Hauteur.

L'échantillon ne renfermait pas de cailloux.
1,000 de terre contiennent :

Azote.. 0.47
Acide phosphorique... 0.14
Potasse.. 0.37
Carbonate de chaux... traces.

Cette terre jaunâtre est dure après dessiccation ; elle est pauvre en humus, en azote et en potasse, très pauvre en acide phosphorique. Elle n'offre que de très faibles ressources.

N° 205. District d'Antsahabé. Ampombé (2 jours au Nord).
Vallée. Très bonnes rizières et pâturages.

L'échantillon ne renfermait pas de cailloux.
1,000 de terre contiennent :

Azote.. 0.14
Acide phosphorique... 2.31
Potasse.. 4.68
Carbonate de chaux... 5.10

Cette terre grise et micacée est dure, mais un peu friable après dessiccation ; elle ne contient ni humus, ni azote ; elle est riche en acide phosphorique et en potasse. Elle serait susceptible de s'améliorer considérablement par la culture.

N° 338. Mangily.

L'échantillon ne renfermait pas de cailloux.
1,000 de terre contiennent :

Azote.. 0.57
Acide phosphorique... 0.27
Potasse.. 0.12
Carbonate de chaux... traces.

Cette terre ocreuse est dure après dessiccation. Elle est pauvre en humus et en azote, très pauvre en acide phosphorique et en potasse. Ses ressources sont presque nulles.

N° 201. Antsahabé (un jour et demi au Nord).
Vallée. Très bonnes rizières et pâturages.

L'échantillon renfermait pour 1,000 de terre :

Terre fine... 910.0
Cailloux... 90.0 (siliceux).

1,000 de terre contiennent :

	TERRE FINE.	TERRE BRUTE.
Azote	0.17	0.15
Acide phosphorique	0.01	0.01
Potasse	0.30	0.27
Carbonate de chaux	2.50	2.27

Cette terre jaunâtre est dure, mais un peu friable après dessiccation ; elle est très pauvre en humus, en azote et en potasse, presque entièrement dépourvue d'acide phosphorique et n'offre aucune ressource pour la mise en culture.

N° 200. Manambato (une journée au Nord).
Vallée. Pâturages riches et quelques rizières.

L'échantillon ne renfermait pas de cailloux.
1,000 de terre contiennent :

Azote	0.47
Acide phosphorique	0.47
Potasse	4.08
Carbonate de chaux	0.80

Cette terre jaune ocreuse très micacée est friable après dessiccation. Elle est pauvre en humus, en azote et en acide phosphorique, très riche en potasse. Elle n'offre que peu de ressources pour la culture.

N° 218. Ambararata (une heure et demie).
Colline. Pâturages.

L'échantillon ne renfermait pas de cailloux.
1,000 de terre contiennent :

Azote	0.19
Acide phosphorique	0.22
Potasse	0.37
Carbonate de chaux	10.90

Cette terre grisâtre est très dure après dessiccation ; elle ne renferme que très peu d'éléments fertilisants et doit être considérée comme impropre pour la culture.

N° 337. Antsimorigia.
Terre de pâturages.

L'échantillon ne renfermait pas de cailloux.
1,000 de terre contiennent :

Azote	0.89
Acide phosphorique	0.65
Potasse	0.19
Carbonate de chaux	traces.

Cette terre a l'aspect d'une terre arable foncée ; elle est dure après dessiccation. Elle est sensiblement riche en humus et en azote, peu riche en acide phosphorique, très pauvre en potasse. Elle offre quelques faibles ressources.

N° 198. Ampanobé (à 8 heures).
Vallée. Rizières riches, pâturages.

L'échantillon ne renfermait pas de cailloux.
1,000 de terre contiennent :

Azote	0.17
Acide phosphorique	0.05
Potasse	0.25
Carbonate de chaux	1.20

Cette terre grisâtre est dure après dessiccation; elle manque presque totalement de tous les éléments fertilisants.

N° 199. Manakana (2 jours au Sud).
Vallées. Pâturages et rizières.

L'échantillon renfermait pour 1,000 de terre :

Terre fine	920.0
Cailloux	80.0 (siliceux).

1,000 de terre contiennent :

	TERRE FINE.	TERRE BRUTE.
Azote	0.17	0.16
Acide phosphorique	0.05	0.05
Potasse	0.07	0.06
Carbonate de chaux	0.20	0.18

Cette terre grisâtre est dure après dessiccation. Comme la précédente, elle manque à peu près complètement de tous les éléments fertilisants et n'offre aucune ressource de fertilité.

N° 224. Antsirabé.
Vallée. Voisinage de la rivière Ampanobé (2 jours au Sud). Culture du riz, patate, manioc et canne à sucre.

L'échantillon ne renfermait pas de cailloux.
1,000 de terre contiennent :

Azote	1.01
Acide phosphorique	0.68
Potasse	0.63
Carbonate de chaux	traces.

Cette terre grisâtre est très dure après dessiccation; elle renferme sensiblement d'humus et d'azote, moins d'acide phosphorique et de potasse. Elle ne semble pas susceptible d'acquérir une grande fertilité.

Nº 225. Antsirabé.
Hauteur. Végétation arborescente (2 jours au Sud).

L'échantillon ne renfermait pas de cailloux.
1,000 de terre contiennent :

Azote.. 0.75
Acide phosphorique................................. 0.16
Potasse.. 0.49
Carbonate de chaux................................. 0.20

Cette terre d'un jaune clair est très dure après dessiccation ; elle est pauvre en humus, en azote et en potasse, extrêmement pauvre en acide phosphorique et n'offre qu'un très faible fonds de fertilité.

Nº 207. Ambohibé de Manabara (2 jours au Sud).
Hauteur, colline ; pâturages.

L'échantillon ne renfermait pas de cailloux.
1,000 de terre contiennent :

Azote.. 0.60
Acide phosphorique................................. 0.24
Potasse.. 0.41
Carbonate de chaux................................. traces.

Cette terre ocreuse et foncée est dure, mais friable après dessiccation ; elle est pauvre en humus, en azote et en potasse, très pauvre en acide phosphorique. Elle n'offre aucun fonds de fertilité.

Nº 219. Bemanevy Kia. Hauteur (1 jour au Nord).
Colline. Pâturages excellents.

L'échantillon ne renfermait pas de cailloux.
1,000 de terre contiennent :

Azote.. 0.93
Acide phosphorique................................. 0.23
Potasse.. 0.17
Carbonate de chaux................................. traces.

Cette terre ocreuse est dure après dessiccation ; elle renferme sensiblement d'humus et d'azote, très peu d'acide phosphorique et de potasse ; elle n'offre aucun fonds de fertilité.

Nº 336. Bemarivo, district de Sambava.
Terre rouge prise sur le sommet d'une colline, à 8 mètres d'altitude. Végétation spontanée.

L'échantillon ne renfermait pas de cailloux.

1,000 de terre contiennent :

Azote. 1.03
Acide phosphorique. 0.55
Potasse 0.17
Carbonate de chaux. . . . . traces.

Cette terre ocreuse d'un rouge vif est dure après dessiccation. Elle est sensiblement riche en humus et en azote, pauvre en acide phosphorique, très pauvre en potasse. Elle offre quelques faibles ressources.

N° 333. District de Sambava.
Terre prise dans une vallée riche en végétation spontanée.

L'échantillon renfermait pour 1,000 de terre :

Terre fine. 950.0
Cailloux. . . . . 50.0 (siliceux).

1,000 de terre contiennent :

	TERRE FINE.	TERRE BRUTE.
Azote	0.96	0.91
Acide phosphorique.	0.66	0.63
Potasse	0.25	0.24
Carbonate de chaux	traces.	traces.

Cette terre jaunâtre est dure après dessiccation ; elle est sensiblement riche en humus et en azote, peu riche en acide phosphorique, pauvre en potasse. Elle offre quelques ressources.

N° 208. Antindra (2 jours et demi au Sud).
Colline. Forêts et pâturages.

L'échantillon ne renfermait pas de cailloux.
1,000 de terre contiennent :

Azote. 1.83
Acide phosphorique. 0.96
Potasse 0.58
Carbonate de chaux. . . . . traces.

Cette terre a l'aspect d'une terre arable d'un jaune terreux ; elle est très dure après dessiccation ; elle est riche en humus et en azote, contient sensiblement d'acide phosphorique, mais moins de potasse. Elle pourrait donner une terre de quelque fertilité.

N° 340. Terre provenant d'une vanillerie située à Antalaha, à environ 15 mètres au-dessus de la mer.
Sol très fertile. Végétation superbe. Cultures : riz, maïs, café, vanille, y poussant très bien.

L'échantillon ne renfermait pas de cailloux.

1,000 de terre contiennent :

Azote	2.70
Acide phosphorique	1.09
Potasse	0.20
Carbonate de chaux	traces.

Cette terre ocreuse foncée est dure après dessiccation. Elle est très riche en humus et en azote, sensiblement riche en acide phosphorique, très pauvre en potasse. Elle offre quelques ressources.

N° 341. Terre provenant d'une concession située à Bemahavika (à 12 kilomètres d'Antalaha).

Altitude: 20 mètres au-dessus de la mer. Terrain d'une très grande fertilité. Tout y vient bien; pour certaines cultures d'Europe, la végétation est même trop forte.

L'échantillon ne renfermait pas de cailloux.

1,000 de terre contiennent :

Azote	0.65
Acide phosphorique	0.68
Potasse	0.76
Carbonate de chaux	traces.

Cette terre jaunâtre cendrée est friable après dessiccation. Elle est peu riche en humus, en azote et en acide phosphorique, sensiblement riche en potasse. Elle offre quelques ressources.

Les terres de la province de Vohémar sont les unes ocreuses, rappelant celles de l'Imerina et n'étant guère mieux pourvues que ces dernières en principes fertilisants; l'acide phosphorique, la potasse et la chaux y sont en quantités très minimes, ne permettant pas de leur attribuer une valeur appréciable pour la culture des plantes alimentaires; les autres de couleur claire, jaune, grise ou blanchâtre, sont encore plus ingrates que les précédentes. D'autres, enfin, riches en mica, contiennent des quantités sensibles de potasse, mais sont presque dépourvues de tout autre élément fertilisant.

A quelques exceptions près, se rapportant surtout à des terres déjà cultivées, on peut dire que les terres de la province de Vohémar sont peu propres à être mises en culture; elles n'offrent pas de ressources suffisantes pour attirer la colonisation agricole intensive.

Il semble toutefois que dans les parties voisines du littoral, la colonisation qui a pris un certain développement, donne des résultats satisfaisants.

PROVINCE DE MAROANTSETRANA.

N° 356. Terre argileuse de la vallée de Bantabé.

L'échantillon ne renfermait pas de cailloux.

1,000 de terre contiennent :

Azote.	0.95
Acide phosphorique.	0.85
Potasse.	0.15
Carbonate de chaux.	traces.

Cette terre jaunâtre, de couleur claire, est un peu friable après dessiccation ; elle est sensiblement riche en humus, en azote et en acide phosphorique, très pauvre en potasse ; elle offre quelques ressources.

N° 358. Terres des mauvais pâturages de Sahamadio.

L'échantillon ne renfermait pas de cailloux.
1,000 de terre contiennent :

Azote.	0.29
Acide phosphorique.	1.54
Potasse.	0.25
Carbonate de chaux.	traces.

Cette terre ocreuse de couleur claire est un peu friable après dessiccation ; elle est pauvre en humus et en azote, riche en acide phosphorique et contient un peu de potasse ; elle offre quelques ressources.

N° 355. Terre franche de la ferme-école d'Ambodiatafana.

L'échantillon ne renfermait pas de cailloux.
1,000 de terre contiennent :

Azote.	1.91
Acide phosphorique.	3.14
Potasse.	1.42
Carbonate de chaux.	traces.

Cette terre a l'aspect d'une terre arable grisâtre ; elle est friable après dessiccation ; elle est très riche en humus, en azote, en acide phosphorique et en potasse. Elle offre de grandes ressources.

N° 357. Terre des pâturages des environs de Maroantsetrana.

L'échantillon ne renfermait pas de cailloux.
1,000 de terre contiennent :

Azote.	1.39
Acide phosphorique.	1.02
Potasse.	0.12
Carbonate de chaux.	traces.

Cette terre, d'un jaune clair, est un peu friable après dessiccation ; elle est riche en humus et en azote, sensiblement riche en acide phosphorique, très pauvre en potasse ; elle offre quelques ressources.

N° 354. Terre argilo-ferrugineuse de la forêt Iaraka.
Riche en essences forestières, aujourd'hui en exploitation.

L'échantillon ne renfermait pas de cailloux.
1,000 de terre contiennent :

Azote.	0.69
Acide phosphorique.	0.43
Potasse.	0.15
Carbonate de chaux.	traces.

Cette terre jaunâtre est assez dure après dessiccation; elle est peu riche en humus et en azote; pauvre en acide phosphorique, très pauvre en potasse. Elle n'offre que de faibles ressources.

Les terres de la province de Maroansetra que nous avons examinées manquent de calcaire et n'ont généralement que très peu de potasse. Mais on y trouve sensiblement d'acide phosphorique; l'humus y est assez abondant.

Ces terres ne sont que peu ocreuses; elles sont le plus souvent d'un jaune clair, assez perméables, et ne durcissent que peu par la dessiccation; elles paraissent en général susceptibles d'être mises en exploitation. Le climat d'ailleurs est particulièrement favorable à la végétation.

ÎLE SAINTE-MARIE DE MADAGASCAR.

N° 365. Ambatorao.
Flanc de coteau, 20 mètres d'altitude. Culture : manioc. Toute la région se compose de même terrain. Sol médiocrement fertile.

L'échantillon renfermait pour 1,000 de terre :

Terre fine.	960.0
Cailloux.	40.0 (siliceux).

1,000 de terre contiennent :

	TERRE FINE.	TERRE BRUTE.
Azote.	1.53	1.47
Acide phosphorique.	0.38	0.36
Potasse.	0.10	0.10
Carbonate de chaux.	traces.	traces.

Cette terre jaunâtre ocreuse est friable après dessiccation; elle est assez riche en humus et en azote, pauvre en acide phosphorique, très pauvre en potasse. Elle n'offre que de faibles ressources.

N° 366. Antsahasifotra, plaine au niveau de la mer.
Végétation spontanée (*Ravinala*). Toute la région se compose du même terrain. Sol médiocrement fertile.

L'échantillon renfermait pour 1,000 de terre :

Terre fine... 860.0
Cailloux.. 140.0 (siliceux).

1,000 de terre contiennent :

	TERRE FINE.	TERRE BRUTE.
Azote..	1.32	1.14
Acide phosphorique..................................	0.76	0.65
Potasse...	0.08	0.07
Carbonate de chaux..................................	traces.	traces.

Cette terre a l'aspect d'une terre arable; elle est très friable après dessiccation; elle est sensiblement riche en humus et en azote, peu riche en acide phosphorique, extrêmement pauvre en potasse. Elle n'offre que de très faibles ressources.

N° 367. Lokintsy.

Vallée au niveau de la mer. Végétation spontanée (*Ravilana*). Toute la région se compose du même terrain, médiocrement fertile.

L'échantillon renfermait pour 1,000 de terre :

Terre fine... 830.0
Cailloux.. 170.0 (siliceux).

1,000 de terre contiennent :

	TERRE FINE.	TERRE BRUTE.
Azote..	0.43	0.36
Acide phosphorique..................................	0.31	0.26
Potasse...	0.08	0.07
Carbonate de chaux..................................	traces.	traces.

Cette terre a l'aspect d'une terre arable jaunâtre; elle est pauvre en humus, en azote et en acide phosphorique, extrêmement pauvre en potasse; ses ressources sont presque nulles.

N° 363. Terre très sableuse, gris foncé. (Sans dossier.)

L'échantillon ne renfermait pas de cailloux.
1,000 de terre contiennent :

Azote.. 1.18
Acide phosphorique... 0.19
Potasse.. 0.12
Carbonate de chaux... traces.

Cette terre arable sablonneuse est très friable après dessiccation; elle est assez riche en humus et en azote, très pauvre en acide phosphorique et en potasse. Elle n'offre que des ressources presque nulles.

N° 364. Terre rouge. (Sans dossier.)

L'échantillon ne renfermait pas de cailloux.
1,000 de terre contiennent :

Azote	1.28
Acide phosphorique	0.49
Potasse	0.22
Carbonate de chaux	0.40

Cette terre ocreuse est dure après dessiccation; elle est assez riche en humus et en azote, pauvre en acide phosphorique et en potasse; elle n'offre que de faibles ressources.

N° 408. (Sans étiquette.)

L'échantillon ne renfermait pas de cailloux.
1,000 de terre contiennent :

Azote	1.62
Acide phosphorique	0.48
Potasse	0.19
Carbonate de chaux	traces.

Cette terre a l'aspect d'une terre arable; elle est très friable après dessiccation; elle est riche en humus et en azote, pauvre en acide phosphorique, très pauvre en potasse; elle n'offre que d'assez faibles ressources.

Les terres de l'île de Sainte-Marie de Madagascar, située sur la côte nord-est de Madagascar, sont en parties formées par des terres ocreuses; quelques autres terres ont une apparence différente et sont plus ou moins modifiées par l'abondance des débris végétaux.

Dans leur ensemble, ces terres sont faiblement pourvues d'éléments fertilisants. L'acide phosphorique et la potasse n'y sont qu'en petite quantité; il n'y a pas là de grandes ressources pour la culture.

Si celle-ci peut réussir dans cette île, cela doit tenir plutôt au régime des eaux qu'à la composition du sol.

PROVINCE DE TAMATAVE.

Jardin de la station d'essai de Mahanoro sur Ivolina.

1re *Série.*

N° 185. N° 1. Sol. Végétation spontanée : graminées variées. Limon silico-argileux et ferrugineux. Sommet de coteau du nord de l'Ivolina. La nature du terrain est sensiblement la même sur les autres coteaux. Beaucoup de débris organiques.

L'échantillon ne renfermait pas de cailloux.
1,000 de terre contiennent :

Azote	3.03
Acide phosphorique	0.29
Potasse	1.19
Carbonate de chaux	traces.

MM. Müntz et Rousseaux.   10

Cette terre a l'aspect d'une terre arable, elle est dure après dessiccation; elle est très riche en humus et en azote, assez riche en potasse. Elle n'offre qu'un faible fonds de fertilité.

N° 186. N° 1 *bis.* Sous-sol de l'échantillon précédent.

L'échantillon ne renfermait pas de cailloux.
1,000 de terre contiennent :

Azote	1.44
Acide phosphorique	2.08
Potasse	0.24
Carbonate de chaux	traces.

Cette terre ocreuse est extrêmement dure après dessiccation, elle est riche en humus, en azote et en acide phosphorique, très pauvre en potasse. Si des labours profonds pouvaient l'incorporer à la terre qui la recouvre, ils la modifieraient heureusement en y apportant l'acide phosphorique qui manque à cette dernière.

N° 192. N° 2. Sol. Plateau de la rive gauche. Graminées, arbustes. 6 hectares. Même sol sur tout le plateau.

L'échantillon ne renfermait pas de cailloux.
1,000 de terre contiennent :

Azote	1.40
Acide phosphorique	0.63
Potasse	1.91
Carbonate de chaux	traces.

Cette terre a l'aspect d'une terre arable; elle est dure, mais un peu friable après dessiccation; elle est assez riche en humus, en azote et en potasse, peu riche en acide phosphorique; elle offre quelques ressources.

N° 193. N° 2 *bis.* Sous-sol de l'échantillon précédent.

L'échantillon ne renfermait pas de cailloux.
1,000 de terre contiennent :

Azote	0.52
Acide phosphorique	0.28
Potasse	3.56
Carbonate de chaux	traces.

Ce sous-sol jaunâtre et très micacé est assez friable après dessiccation; il est pauvre en humus, en azote et très pauvre en acide phosphorique, riche en potasse; il n'offre que peu de ressources culturales.

N° 190. N° 3. Sol. Plateau de la rive droite. Végétation spontanée : graminées, canna, raphias, loam humifère. Profondeur : 23 centimètres.

L'échantillon ne renfermait pas de cailloux.

1,000 de terre contiennent :

Azote	2.33
Acide phosphorique	1.61
Potasse	2.03
Carbonate de chaux	0.10

Cette terre a l'aspect d'une terre arable; elle est dure après dessiccation; elle est riche en humus, en azote, en acide phosphorique et en potasse et présente un bon fonds de fertilité.

N° 187. N° 3 *bis*. Sous-sol de l'échantillon précédent.

L'échantillon ne renfermait pas de cailloux
1,000 de terre contiennent :

Azote	0.72
Acide phosphorique	0.59
Potasse	2.29
Carbonate de chaux	traces.

Cette terre jaunâtre est très dure après dessiccation; elle est pauvre en humus, en azote et en acide phosphorique, riche en potasse. Elle offre un faible fonds de fertilité.

N° 189. N° 4. Sol. Sommet du coteau, rive droite. Graminées, ravenales. Sol ferrugineux. Terre pauvre avec 6 à 7 centimètres de terre humifère.

L'échantillon renfermait pour 1,000 de terre :

Terre fine	930.0
Cailloux	70.0 (siliceux).

1,000 de terre contiennent :

	TERRE FINE.	TERRE BRUTE.
Azote	2.59	2.41
Acide phosphorique	2.02	1.88
Potasse	0.52	0.48
Carbonate de chaux	0.20	0.19

Cette terre ocreuse et très foncée est très dure après dessiccation; elle est riche en humus, en azote et en acide phosphorique, pauvre en potasse. Elle offre des ressources à la culture.

N° 191. N° 4 *bis*. Sous-sol de l'échantillon précédent.

L'échantillon ne renfermait pas de cailloux.
1,000 de terre contiennent :

Azote	0.69
Acide phosphorique	0.64
Potasse	0.42
Carbonate de chaux	traces.

Cette terre ocreuse est extrêmement dure après dessiccation ; elle est peu riche en humus, en azote et en acide phosphorique et pauvre en potasse ; elle offre quelques ressources.

N° 188. N° 5 *bis*. Sous-sol d'un échantillon n° 5 égaré.

L'échantillon ne renfermait pas de cailloux.
1,000 de terre contiennent :

Azote	0.83
Acide phosphorique	0.19
Potasse	2.37
Carbonate de chaux	0.20

Cette terre jaunâtre est très dure après dessiccation ; elle est peu riche en humus et en azote, très pauvre en acide phosphorique, riche en potasse. Elle n'offre que de faibles ressources pour la culture.

2ᵉ *Série*.

N° 230. N° 1. Sol. 1 kilomètre au sud du Jardin, sur le sommet de collines. Altitude : 35 à 40 mètres. Végétation spontanée : grandes herbes, *ravinala*. Arbrisseaux, lianes, fougères. Toute la végétation est composée du même terrain. Partie pierres cassantes et noires. Sol assez fertile. Garde les eaux et ravine.

L'échantillon ne renfermait pas de cailloux.
1,000 de terre contiennent :

Azote	3.10
Acide phosphorique	0.56
Potasse	0.32
Carbonate de chaux	traces.

Cette terre a l'aspect d'une terre arable ; elle est très dure après dessiccation ; elle est très riche en humus et en azote, pauvre en acide phosphorique et en potasse. Elle offre un faible fonds de fertilité.

N° 231. N° 1. Sous-sol. Sud du Jardin, à 1 kilomètre. Sommet de collines. Altitude : 35 à 40 mètres. Terres de deux couleurs différentes sur le même sommet.

L'échantillon renfermait pour 1,000 de terre :

Terre fine	895.0
Cailloux	105.0 (siliceux).

1,000 de terre contiennent :

	TERRE FINE.	TERRE BRUTE.
Azote	0.52	0.47
Acide phosphorique	0.39	0.35
Potasse	0.29	0.26
Carbonate de chaux	traces.	traces.

Cette terre ocreuse est très dure après dessiccation ; elle est pauvre en éléments fertilisants.

N° 232. N° 2. Sol. Sud du Jardin, à 1 kilomètre. Flanc de coteau. Altitude : 35 à 40 mètres. Végétation spontanée analogue au numéro précédent. Toute la région se ressemble. Pierreux, noir et cassable.

L'échantillon ne renfermait pas de cailloux.

1,000 de terre contiennent :

    Azote.. 1.99
    Acide phosphorique.. 0.11
    Potasse... 0.46
    Carbonate de chaux.. traces.

Cette terre a l'aspect d'une terre arable ; elle est dure, un peu friable après dessiccation ; elle est riche en humus et en azote, mais pauvre en potasse et extrêmement pauvre en acide phosphorique. Elle n'offre aucun fonds de fertilité.

N° 233. N° 2. Sous-sol. Flanc de coteau. Altitude : 35 à 40 mètres. Végétation spontanée.

L'échantillon ne renfermait pas de cailloux.

1,000 de terre contiennent :

    Azote.. 1.20
    Acide phosphorique.. 0.33
    Potasse... 0.42
    Carbonate de chaux.. traces.

Cette terre ocreuse est dure après dessiccation ; elle est assez riche en humus et en azote, pauvre en acide phosphorique et en potasse. Elle n'offre qu'un faible fonds de fertilité.

N° 234. N° 4. Sous-sol rive droite. Même sol sur une faible surface.

L'échantillon ne renfermait pas de cailloux.

1,000 de terre renferment :

    Azote.. 0.61
    Acide phosphorique.. 0.42
    Potasse... 2.83
    Carbonate de chaux.. traces.

Ce sous-sol, d'un jaune ocreux et légèrement micacé, est dur après dessiccation ; il est pauvre en humus, en azote et en acide phosphorique, riche en potasse ; il offre un certain fonds de fertilité.

N° 235. N° 5. Sol rive droite de l'Ivolina. Jardin d'essai.
Ancienne rizière. Fougères, cyperus, mimosa, *rafia*, *ravinala*. Sol fertile. Toute la région semblable. 4 kilomètres de l'embouchure.

L'échantillon ne renfermait pas de cailloux.

1,000 de terre contiennent :

    Azote.. 4.19
    Acide phosphorique.. 1.09
    Potasse... 1.07
    Carbonate de chaux.. traces.

Cette terre a l'aspect d'une terre arable; elle est très dure après dessiccation; elle renferme quelques débris végétaux; elle est très riche en humus et en azote, sensiblement riche en acide phosphorique et en potasse. Elle a un certain fonds de fertilité.

N° 236. N° 5. Sous-sol. Rive droite.

L'échantillon ne renfermait pas de cailloux.
1,000 de terre contiennent :

        Azote.. 0.18
        Acide phosphorique.. 0.99
        Potasse... 0.56
        Carbonate de chaux.. traces.

Ce sous-sol jaunâtre est extrêmement dur après dessiccation; il est presque dépourvu l'humus et d'azote; il contient sensiblement d'acide phosphorique et un peu de potasse, mais il serait susceptible de s'améliorer par la culture en fournissant une terre de petite fertilité.

N° 237. N° 1. Côté gauche de la rivière. Bord de l'eau. Sol au Nord, 2 kilomètres du jardin. Végétation spontanée. Riches cultures. Canne.

L'échantillon ne renfermait pas de cailloux.
1,000 de terre contiennent :

        Azote.. 1.26
        Acide phosphorique.. 0.66
        Potasse... 2.97
        Carbonate de chaux.. 0.20

Cette terre jaunâtre et légèrement micacée est extrêmement dure après dessiccation; elle est assez riche en humus et en azote, pauvre en acide phosphorique, riche en potasse. Elle présente un certain fonds de fertilité.

N° 194. Propriété Mauricia. Bord de l'Ivolina. 1er plateau.
Sol pris jusqu'à 0 m. 30 de profondeur.

L'échantillon ne renfermait pas de cailloux.
1,000 de terre contiennent :

        Azote.. 1.30
        Acide phosphorique.. 0.82
        Potasse... 3.44
        Carbonate de chaux.. traces.

Cette terre jaunâtre et micacée est dure, mais un peu friable après dessiccation; elle contient sensiblement d'humus, d'azote et d'acide phosphorique; elle est très riche en potasse et offre un certain fonds de fertilité.

N° 195. Propriété Mauricia. 1er plateau.
Sol à 0 m. 30 de profondeur.

L'échantillon ne renfermait pas de cailloux.
1,000 de terre contiennent :

    Azote... 1.44
    Acide phosphorique... 0.55
    Potasse.. 4.24
    Carbonate de chaux .... traces.

Cette terre jaunâtre très micacée est très friable après dessiccation ; elle est assez riche en humus et en azote, pauvre en acide phosphorique et très riche en potasse. Elle n'offre qu'un assez faible fonds de fertilité.

N° 196. Propriété Mauricia. Bord de l'Ivolina. 1ᵉʳ plateau.
Sous-sol de 0 m. 30 à 0 m. 60.

L'échantillon ne renfermait pas de cailloux.
1,000 de terre contiennent :

    Azote.. .. 0.69
    Acide phosphorique... 0.50
    Potasse.. 3.74
    Carbonate de chaux... traces.

Cette terre jaunâtre et très micacée est dure après dessiccation ; elle est pauvre en humus, en azote et en acide phosphorique, très riche en potasse ; elle n'offre qu'un faible fonds de fertilité.

N° 197. Propriété Mauricia. Bord de l'Ivolina.
Flanc de coteau. Sol pris dans une plantation de cafés Liberia.

L'échantillon ne renfermait pas de cailloux.
1,000 de terre contiennent :

    Azote.. 1.70
    Acide phosphorique... 0.87
    Potasse.. 0.47
    Carbonate de chaux... 0.20

Cette terre a l'aspect d'une terre arable ; elle est très dure après dessiccation ; elle est riche en humus et en azote ; elle contient sensiblement d'acide phosphorique ; elle est pauvre en potasse. Elle ne doit pas être considérée comme d'une grande fertilité.

N° 390. Tamatave. Melville. Ph. Bonâme et Cⁱᵉ.
Terrains marins. Sol.

L'échantillon ne renfermait pas de cailloux.
1,000 de terre contiennent :

    Azote............. .... 1.58
    Acide phosphorique... 1.10
    Potasse.. 0.85
    Carbonate de chaux .... traces.

Cette terre arable est friable après dessiccation; elle est riche en humus et en azote, sensiblement riche en acide phosphorique et en potasse; elle offre certaines ressources.

Nº 391. Sous-sol du précédent.

L'échantillon ne renfermait pas de cailloux.
1,000 de terre contiennent :

Azote. 1.35
Acide phosphorique. 1.05
Potasse. 0.51
Carbonate de chaux. . . . . traces.

Cette terre a l'aspect d'une terre arable; elle est friable après dessiccation; elle est riche en humus et en azote, sensiblement riche en acide phosphorique et en potasse; elle offre quelques ressources.

Nº 392. Tamatave. Melville. Ph. Bonâme et Cⁱᵉ.
Terrain Calvaca. Sol.

L'échantillon ne renfermait pas de cailloux.
1,000 de terre contiennent :

Azote. 2.86
Acide phosphorique. 1.77
Potasse. 0.22
Carbonate de chaux. . . . . traces.

Cette terre a l'aspect d'une terre arable; elle est un peu dure après dessiccation; elle est très riche en humus et en azote, riche en acide phosphorique, pauvre en potasse. Elle offre des ressources à la culture.

Nº 393. Sous-sol du précédent.

L'échantillon ne renfermait pas de cailloux.
1,000 de terre contiennent :

Azote. 1.79
Acide phosphorique. 1.36
Potasse. 0.63
Carbonate de chaux . . . . traces.

Cette terre a l'aspect d'une terre arable; elle est dure après dessiccation; elle est riche en humus, en azote et en acide phosphorique, sensiblement riche en potasse. Elle offre d'assez grandes ressources.

Nº 394. Tamatave. Melville. Ph. Bonâme et Cⁱᵉ.
Terrain Espoir. Sol.

L'échantillon ne renfermait pas de cailloux.

1,000 de terre contiennent :

Azote.....	1.19
Acide phosphorique...	1.20
Potasse...	0.98
Carbonate de chaux..	traces.

Cette terre légèrement micacée a l'aspect d'une terre arable; elle est peu dure après dessiccation; elle est assez riche en humus, en azote et en acide phosphorique, sensiblement riche en potasse. Elle offre d'assez grandes ressources.

Nᵒ 395. Sous-sol du précédent.

L'échantillon ne renfermait pas de cailloux.
1,000 de terre contiennent :

Azote	0.56
Acide phosphorique..	0.62
Potasse..	0.46
Carbonate de chaux...	traces.

Cette terre jaunâtre est assez dure après dessiccation; elle est peu riche en humus, en azote, en acide phosphorique et en potasse. Elle offre quelques ressources.

Nᵒ 410. Nᵒ 1. Propriété *la Chance*, à M. Wilson, sur la rivière Ivolina, à 15 kilomètres de la mer.

Échantillon pris à 150 mètres de la rivière, sur un plateau élevé à 10 mètres au-dessus de l'Ivolina, dans une cacaoyère (6 hectares) en plein rapport, âgée de onze ans. Le sol a porté de la vanille qui est morte à trois ans, à la première récolte. Les terrains avoisinants semblent avoir la même composition.

L'échantillon ne renfermait pas de cailloux.
1,000 de terre contiennent :

Azote	1.01
Acide phosphorique..	1.21
Potasse..	1.61
Carbonate de chaux...	traces.

Cette terre arable, de couleur jaunâtre et légèrement micacée, est assez friable après dessiccation; elle est sensiblement riche en humus, en azote et en acide phosphorique, assez riche en potasse. Elle offre d'assez grandes ressources.

Nᵒ 411. Propriété *la Chance*.

Échantillon nᵒ 2, à 50 mètres de la rivière Ivolina et 5 mètres au-dessus de la rivière, pris dans la plantation de cacaoyers.

Le sol, comme celui de l'échantillon nᵒ 1, absorbe l'eau difficilement, surtout lors des grandes pluies. Le sol des nᵒˢ 1 et 2 paraît être le produit de désagrégation de roches primitives, ferrugineuses et micacées

L'échantillon ne renfermait pas de cailloux.

1,000 de terre contiennent :

Azote.. 1.62
Acide phosphorique.. 1.41
Potasse... 0.93
Carbonate de chaux.. traces.

Cette terre arable, de couleur jaunâtre et légèrement micacée, est assez friable après dessiccation ; elle est riche en humus, en azote et en acide phosphorique, assez riche en potasse. Elle offre d'assez grandes ressources.

Les terres de la province de Tamatave que nous avons examinées sont, le plus souvent, jaunâtres, quelques-unes sont très riches en mica ; on y trouve aussi des terres ocreuses.

Ces dernières se rapprochent de celles de l'Imerina ; mais elles sont généralement mieux pourvues d'éléments fertilisants. Les terres jaunes présentent une assez grande variété dans la composition ; souvent la proportion d'acide phosphorique est élevée ; quelquefois elle est faible. On peut en dire autant de la potasse, qui est, en général, plus abondante que dans les autres régions de l'île.

Suivant les situations topographiques, il y a plus ou moins d'humus et d'azote ; le calcaire fait entièrement défaut.

Les terres jaunes sont moins imperméables que ne le sont ordinairement les terres rouges et se prêteront peut-être plus facilement à la culture.

Celles qui contiennent du mica sont toutes particulièrement riches en potasse, mais pauvres en autres éléments.

Les cas sont assez fréquents où les terres offrent des conditions plus favorables à la culture.

L'abondance des pluies et l'élévation de la température sont aussi de nature à exalter la végétation.

Si le développement végétal prend dans cette région de grandes proportions en certains points, cela est dû en partie à une plus grande richesse du sol, mais surtout au climat chaud et humide, qui est un facteur si puissant de la production des récoltes et qui favorise particulièrement la culture du cacao, de la vanille, du café, etc.

PROVINCE D'ANDÉVORANTE.

District d'Andévorante.

N° 226. Antsiranambiary.

Flanc de coteau. 100 mètres d'altitude. Terrain boisé. 20 kilomètres au nord de Mahatsara. Terrain argilo-sablonneux, non uniforme dans la région.

L'échantillon renfermait pour 1,000 de terre :

Terre fine.. 530.0
Cailloux.. 470.0 (siliceux).

1,000 de terre contiennent :

	TERRE FINE.	TERRE BRUTE.
Azote..	1.92	1.02
Acide phosphorique...........................	0.22	0.12
Potasse......................................	0.20	0.11
Carbonate de chaux...........................	traces.	traces.

Cette terre a l'aspect d'une terre arable; elle est friable après dessiccation; elle est riche en humus et en azote, mais très pauvre en acide phosphorique et en potasse. Elle est, en outre, très caillouteuse et n'offre aucun fonds de fertilité.

N° 227. Antsiranambiary.

Sommet de colline, 150 mètres d'altitude. Forêt, 20 kilomètres au nord de Mahatsara. Terrain argilo-sablonneux, non uniforme dans la région.

L'échantillon renfermait pour 1,000 de terre :

Terre fine..	660.0
Cailloux...	340.0 (siliceux).

1,000 de terre contiennent :

	TERRE FINE.	TERRE BRUTE.
Azote..	1.26	0.83
Acide phosphorique...................................	0.17	0.11
Potasse..	traces.	traces.
Carbonate de chaux...................................	traces.	traces.

Cette terre a l'aspect d'une terre arable; elle est dure après dessiccation, elle est assez riche en humus et en azote, presque totalement dépourvue d'acide phosphorique et de potasse. Elle est très caillouteuse et doit être regardée comme n'offrant aucune ressource pour la culture.

N° 228. Antsiranambiary.

Sommet de colline, 150 mètres d'altitude. Forêt. 20 kilomètres au nord de Mahatsara. Terrain argilo-sablonneux, non uniforme.

L'échantillon renfermait pour 1,000 de terre :

Terre fine..	740.0
Cailloux...	260.0 (siliceux).

1,000 de terre contiennent :

	TERRE FINE.	TERRE BRUTE.
Azote..	1.30	0.96
Acide phosphorique...................................	0.11	0.08
Potasse..	traces.	traces.
Carbonate de chaux...................................	0.20	0.15

Cette terre a l'aspect d'une terre arable; elle est très friable après dessiccation; elle contient sensiblement d'humus et d'azote, mais elle est dépourvue d'acide phosphorique et de potasse; elle est très caillouteuse et n'offre aucune ressource pour la culture.

N° 229. Antsiranambiary.

Flanc de coteau. 100 mètres d'altitude. Forêt. 20 kilomètres au nord de Mahatsara. Terrain argilo-sablonneux, non uniforme.

L'échantillon renfermait pour 1,000 de terre :

Terre fine..	850.0
Cailloux...	150.0 (siliceux).

1,000 de terre contiennent :

	TERRE FINE.	TERRE BRUTE.
Azote..	1.19	1.01
Acide phosphorique....................................	0.26	0.22
Potasse	0.12	0.10
Carbonate de chaux....................................	traces.	traces.

Cette terre a l'aspect d'une terre arable; elle est assez friable après dessiccation; elle contient sensiblement d'humus et d'azote, mais elle est très pauvre en acide phosphorique et en potasse. Elle n'offre aucune ressource pour la culture.

District de Vatomandry.
N° 107. Ampitamafana. Concession Campenon de la Giroday.
Plaine. Vallée du Manampohy. Altitude : 40 mètres. Sablonneux. Café, vanille, riz, etc. Terrain riche, identique dans toute la vallée se dirigeant de l'Est à l'Ouest.

L'échantillon ne renfermait pas de cailloux.
1,000 de terre contiennent :

Azote..	0.16
Acide phosphorique....................................	0.47
Potasse..	0.69
Carbonate de chaux....................................	0.70

Cette terre d'un rouge vif est très dure après dessiccation; elle ne contient que très peu d'humus et d'azote, peu d'acide phosphorique, un peu plus de potasse. Elle ne renferme pas les éléments d'une bonne fertilité.

N° 108. Vohibolotra, sur la rivière d'Andriaponafo, vallée encaissée. Sablonneux-argileux. Région uniforme. Nord-Ouest du district de Vatomandry, près celui d'Andévorante. Sol fertile, assez bien cultivé par endroits par les indigènes.

L'échantillon renfermait pour 1,000 de terre :

Terre fine..	831.7
Cailloux..	168.3 (siliceux).

1,000 de terre contiennent :

	TERRE FINE.	TERRE BRUTE.
Azote..	0.60	0.50
Acide phosphorique....................................	4.26	3.34
Potasse	0.39	0.32
Carbonate de chaux....................................	0.80	0.66

Cette terre ocreuse est dure après dessiccation; elle contient peu d'humus et de potasse, beaucoup d'acide phosphorique. Elle offre un certain fonds de fertilité.

N° 106. Ambodizarino. Sud-Ouest de Vatomandry, sur le Sakanila, à 25 kilomètres de la côte. Propriété de M. Brée. Terrain très mamelonné, argileux. Altitude : 40 mètres. Culture : riz, café, etc. Terrain riche, propre à toutes les cultures coloniales.

L'échantillon renfermait pour 1,000 de terre :

Terre fine.. 992.0
Cailloux .... 8.0 (siliceux).

1,000 de terre contiennent :

	TERRE FINE.	TERRE BRUTE.
Azote...............................	0.96	0.95
Acide phosphorique.................	1.01	1.00
Potasse	0.68	0.67
Carbonate de chaux.................	1.20	1.19

Cette terre ocreuse est très dure après dessiccation ; elle contient sensiblement d'humus, d'azote et d'acide phosphorique, un peu moins de potasse. Elle offre des conditions de fertilité assez satisfaisantes.

N° 111. Tamboro (5 kilomètres à l'ouest de Vatomandry). Terrain situé au milieu de mamelons, à une altitude de 20 à 25 mètres. Végétation chétive. Terrain argilo-siliceux, rocheux. Terrain uniforme, peu cultivé, mais pourrait être d'un bon rendement si on l'amendait, fournirait de bons pâturages.

L'échantillon renfermait pour 1,000 de terre :

Terre fine.. 976.0
Cailloux .... 24.0 (siliceux).

1,000 de terre contiennent :

	TERRE FINE.	TERRE BRUTE.
Azote...............................	0.76	0.74
Acide phosphorique.................	8.81	8.60
Potasse	0.37	0.36
Carbonate de chaux.................	0.90	0.88

Cette terre ocreuse foncée est très dure après dessiccation ; elle est peu riche en humus et en azote, extrêmement riche en acide phosphorique, pauvre en potasse. C'est une terre incomplète qui pourrait s'améliorer considérablement par la culture et par les fumures potassiques.

N° 109. Antavilatsaka, à flanc de coteau et surplombant le Manampotsy.
Végétation spontanée, brousse, cultivé par endroits. Même terrain aux environs Ouest du district de Vatomandry, près de celui d'Anosibé. Sol peu fertile, mais susceptible de produire s'il est bien cultivé.

L'échantillon renfermait pour 1,000 de terre :

Terre fine.. 816.7
Cailloux .... 183.3 (siliceux).

1,000 de terre contiennent :

	TERRE FINE.	TERRE BRUTE.
Azote...............................	0.77	0.63
Acide phosphorique.................	0.33	0.27
Potasse	0.06	0.05
Carbonate de chaux.................	1.90	1.55

Cette terre grisâtre est dure après dessiccation; elle est peu riche en humus et en azote, pauvre en acide phosphorique, extrêmement pauvre en potasse. Elle ne semble pas apte à une bonne culture.

N° 110. Ambatomalady. Sud-Ouest du district, à deux journées de Vatomandry. Végétation spontanée. Argileux. Vallée de la rivière Vitano. Sol fertile, peu cultivé (riz, manioc, maïs). Le terrain des environs est de même nature.

L'échantillon renfermait pour 1,000 de terre :

Terre fine... 987.0
Cailloux.. 13.0 (siliceux).

1,000 de terre contiennent :

	TERRE FINE.	TERRE BRUTE.
Azote...	0.53	0.52
Acide phosphorique.................................	0.89	0.88
Potasse...	0.84	0.83
Carbonate de chaux................................	0.80	0.79

Cette terre, d'un rouge vif, est dure après dessiccation; elle contient peu d'humus et d'azote, sensiblement d'acide phosphorique et de potasse; elle serait susceptible de s'améliorer par la culture.

La province d'Andévorante paraît principalement formée de ces terres ocreuses que nous rencontrons si fréquemment dans l'île de Madagascar.

Les terres vierges sont ordinairement très faiblement pourvues d'éléments fertilisants.

Mais les échantillons prélevés dans les terres cultivées offrent souvent une assez grande richesse permettant de conclure à une certaine fertilité.

N° 404. Vallée du Mangoro. Concession L. Cotte.
Couche supérieure, 0 m. 30 d'épaisseur.

L'échantillon ne renfermait pas de cailloux.
1,000 de terre contiennent :

Azote... 1.54
Acide phosphorique.. 0.26
Potasse.. 0.10
Carbonate de chaux... traces.

Cette terre noirâtre est très friable après dessiccation; elle est riche en humus et en azote, très pauvre en acide phosphorique et en potasse. Elle ne présente que de très faibles ressources.

N° 405. Concession L. Cotte.
Sous-sol (0 m. 50) de l'échantillon précédent.

L'échantillon ne renfermait pas de cailloux.
1,000 de terre contiennent :

Azote	0.52
Acide phosphorique	0.39
Potasse	0.12
Carbonate de chaux	traces.

Cette terre jaunâtre ocreuse est dure après dessiccation; elle est pauvre en humus et en azote, très pauvre en acide phosphorique et en potasse. Elle ne présente que de très faibles ressources.

Les échantillons de sol et de sous-sol de la concession Cotte, dans la vallée du Mongoro, se présentent avec une faible réserve d'éléments fertilisants; le sol est plus riche en humus, un peu plus pauvre en acide phosphorique que le sous-sol. Tous les deux manquent de potasse et de chaux.

District de Mahanoro.
N° 369. Ambinanimanankovana.
Coteau. 60 mètres environ d'altitude. Végétation spontanée. Bambous et *fatakana*. Terrain uniforme et très friable, tout autour du village.

L'échantillon ne renfermait pas de cailloux.
1,000 de terre contiennent :

Azote	1.28
Acide phosphorique	1.55
Potasse	0.07
Carbonate de chaux	traces.

Cette terre a l'aspect d'une terre arable; elle est friable après dessiccation; elle est assez riche en humus et en azote, riche en acide phosphorique, extrêmement pauvre en potasse; elle présente certaines ressources.

N° 370. Ambanimanankovinana.
Vallée. Végétation spontanée: *Fatakana*. Terrain uniforme, très fertile.

L'échantillon ne renfermait pas de cailloux.
1,000 de terre contiennent :

Azote	2.54
Acide phosphorique	1.61
Potasse	0.12
Carbonate de chaux	traces.

Cette terre ocreuse est assez dure après dessiccation; elle est très riche en humus et en azote, riche en acide phosphorique, très pauvre en potasse; elle présente certaines ressources.

N° 371. Ambanimanankovinana.
Plateau. 100 mètres environ d'altitude. Végétation spontanée. *Fatakana*. Aspect uniforme pour le plateau. Région fertile.

L'échantillon ne renfermait pas de cailloux.
1,000 de terre contiennent :

Azote	o.46
Acide phosphorique	o.87
Potasse	o.12
Carbonate de chaux	traces.

Cette terre ocreuse est dure après dessiccation; elle est pauvre en humus et en azote, sensiblement riche en acide phosphorique, très pauvre en potasse; elle n'offre que d'assez faibles ressources.

N° 372. Ambodirianivonando.
Plaine. Végétation spontanée : *Fatakana*. Région peu étendue; terrains variés. Très fertile.

L'échantillon ne renfermait pas de cailloux.
1,000 de terre contiennent :

Azote	o.41
Acide phosphorique	o.67
Potasse	o.14
Carbonate de chaux	traces.

Cette terre jaunâtre est friable après dessiccation; elle est pauvre en humus et en azote, peu riche en acide phosphorique, très pauvre en potasse. Elle n'offre que de faibles ressources.

N° 373. Ambodirianivanandro.
Coteau. 75 mètres d'altitude environ.
Végétation spontanée : *Fatakana*. Région fertile, ne se composant pas en entier du même terrain.

L'échantillon ne renfermait pas de cailloux.
1,000 de terre contiennent :

Azote	o.5o
Acide phosphorique	1.87
Potasse	o.07
Carbonate de chaux	traces.

Cette terre jaunâtre est assez dure après dessiccation; elle est pauvre en humus et en azote, riche en acide phosphorique, extrêmement pauvre en potasse. Elle offre quelques ressources.

N° 374. Sahatelo.
Coteau. 5o mètres environ.
Végétation spontanée. Bambous, *longoza*, etc. Région fertile. Toute la région ne se compose pas du même terrain.

L'échantillon ne renfermait pas de cailloux.

1,000 de terre contiennent :

Azote	3.14
Acide phosphorique	1.47
Potasse	0.12
Carbonate de chaux	traces.

Cette terre a l'aspect d'une terre arable ; elle est assez friable après dessiccation ; elle est très riche en humus et en azote, riche en acide phosphorique, extrêmement pauvre en potasse. Elle offre certaines ressources.

N° 375. Ampasimbola.
Plaine. Végétation spontanée et cultivée : manioc, riz, patates. Région très fertile. Terrains variés.

L'échantillon ne renfermait pas de cailloux.
1,000 de terre contiennent :

Azote	2.55
Acide phosphorique	1.07
Potasse	0.15
Carbonate de chaux	traces.

Cette terre arable, ocreuse, est très riche en humus et en azote, sensiblement riche en acide phosphorique, très pauvre en potasse. Elle offre quelques ressources.

N° 376. Ambalakondro.
Plaine. Végétation spontanée : herbes diverses. Région très fertile ; ne se compose pas toute du même terrain.

L'échantillon ne renfermait pas de cailloux.
1,000 de terre contiennent :

Azote	0.98
Acide phosphorique	0.63
Potasse	0.14
Carbonate de chaux	traces.

Cette terre ocreuse est assez dure après dessiccation ; elle est sensiblement riche en humus et en azote, peu riche en acide phosphorique, très pauvre en potasse. Elle offre quelques ressources.

N° 377. Ambodibatafana.
Plaine. Végétation spontanée. Terre très fertile, autrefois cultivée en cannes à sucre et patates. Toute la région n'est pas du même terrain.

L'échantillon ne renfermait pas de cailloux.
1,000 de terre contiennent :

Azote	2.82
Acide phosphorique	1.24
Potasse	0.10
Carbonate de chaux	traces.

MM. Müntz et Rousseaux.   11

Cette terre a l'aspect d'une terre arable ocreuse · elle est très riche en humus et en azote, riche en acide phosphorique, très pauvre en potasse. Elle offre certaines ressources.

N° 378. Ambodivandrika.

Plateau. Altitude de 60 à 80 mètres. Végétation spontanée : herbes. Région fertile. Ne se compose pas toute du même terrain.

L'échantillon ne renfermait pas de cailloux.

1,000 de terre contiennent :

Azote.. 0.82
Acide phosphorique... 0.68
Potasse.. 0.08
Carbonate de chaux... traces.

Cette terre ocreuse est assez dure après dessiccation ; elle est sensiblement riche en humus et en azote, peu riche en acide phosphorique, extrêmement pauvre en potasse. Elle n'offre que d'assez faibles ressources.

N° 379. Ambinanisakakolo.

Plateau. Végétation spontanée : arbrisseaux, herbes. Toute la région n'est pas du même terrain. Région fertile.

L'échantillon renfermait pour 1,000 de terre :

Terre fine... 900.0
Cailloux... 100.0 (siliceux).

1,000 de terre contiennent :

	TERRE FINE.	TERRE BRUTE.
Azote	4.56	4.10
Acide phosphorique	5.47	4.92
Potasse	0.25	0.22
Carbonate de chaux	traces.	traces.

Cette terre a l'aspect d'une terre arable ocreuse ; elle est assez friable après dessiccation ; elle est très riche en humus et en azote, extrêmement riche en acide phosphorique et contient un peu de potasse. Elle offre d'assez grandes ressources.

N° 380. Ambodirianihosy.

Plaine cultivée : manioc, cannes, etc. Région très fertile. Toute la région n'est pas du même terrain.

L'échantillon ne renfermait pas de cailloux.

1,000 de terre contiennent :

Azote.. 2.22
Acide phosphorique... 0.95
Potasse.. 0.20
Carbonate de chaux... traces.

Cette terre a l'aspect d'une terre arable; elle est très friable après dessiccation; elle est riche en humus et en azote, sensiblement riche en acide phosphorique, pauvre en potasse. Elle offre quelques ressources.

Nº 381. Ambodirianihosy.
Coteau. Cultures variées. Terrains non uniformes. Région très fertile.

L'échantillon ne renfermait pas de cailloux.
1,000 de terre contiennent :

```
Azote..................................................  0.50
Acide phosphorique.....................................  0.33
Potasse................................................  0.17
Carbonate de chaux.....................................  traces.
```

Cette terre ocreuse est dure après dessiccation; elle est pauvre en humus et en azote, de même qu'en acide phosphorique, et très pauvre en potasse. Elle n'offre que de très faibles ressources.

Nº 382. Tanjombé.
Plaine. Cultures indigènes variées. Terrains non uniformes, très fertiles.

L'échantillon ne renfermait pas de cailloux.
1,000 de terre contiennent :

```
Azote..................................................  0.37
Acide phosphorique.....................................  0.08
Potasse................................................  0.15
Carbonate de chaux.....................................  traces.
```

Cette terre ocreuse, de couleur claire et légèrement violacée, est assez dure après dessiccation; elle est pauvre en humus et en azote, extrêmement pauvre en acide phosphorique, très pauvre en potasse. Ses ressources sont presque nulles.

Nº 383. Tanjombé.
Vallée. Végétation spontanée : herbes diverses. Région fertile.

L'échantillon ne renfermait pas de cailloux.
1,000 de terre contiennent :

```
Azote..................................................  1.84
Acide phosphorique.....................................  0.36
Potasse................................................  0.14
Carbonate de chaux.....................................  traces.
```

Cette terre a l'aspect d'une terre arable; c'est un sable humifère, friable après dessiccation; elle est riche en humus et en azote, pauvre en acide phosphorique, très pauvre en potasse. Elle n'offre que de très faibles ressources.

Nº 384. Ambodirianivonando.
Plateau. Végétation spontanée : *fatakana*. Terrains variés. Région fertile.

11.

L'échantillon renfermait pour 1,000 de terre :

Terre fine.. 870.0
Cailloux... 130.0 (siliceux).

1,000 de terre contiennent :

	TERRE FINE.	TERRE BRUTE.
Azote....................................	4.48	3.90
Acide phosphorique.......................	2.76	2.40
Potasse..................................	0.08	0.07
Carbonate de chaux.......................	traces.	traces.

Cette terre a l'aspect d'une terre arable; elle est friable après dessiccation; elle est très riche en humus, en azote et en acide phosphorique, extrêmement pauvre en potasse. Elle offre d'assez grandes ressources.

Les terres de cette région sont de natures différentes.

Les terres ocreuses paraissent prédominer, mais elles sont généralement enrichies en humus et en acide phosphorique et se prêtent par suite à la culture.

D'autres terres, présentant l'aspect de sols arables, ont également une composition moyenne permettant de les classer parmi les terres d'une certaine fertilité.

La potasse est très peu abondante et la chaux manque presque totalement. Ces terres profiteraient de l'apport d'engrais potassiques et calcaires.

Elles ne sont pas, en général, d'une très grande dureté, surtout celles dans lesquelles l'oxyde de fer ne prédomine pas.

Cette région ne doit donc pas être classée parmi celles qui sont infertiles, puisqu'en beaucoup de points nous voyons apparaître des terres offrant d'assez grandes ressources.

Placée sur la côte Est, elle reçoit d'ailleurs des pluies abondantes qui en relèvent la fertilité.

PROVINCE DE MANANJARY.

Nº 148. Ankatafo (près du village).

Vallée. 100 hectares environ.

Manioc, patates, pistaches. Plusieurs sortes de terrain. Très fertile. Pourrait recevoir d'autres cultures maraîchères.

L'échantillon renfermait pour 1,000 de terre :

Terre fine.. 919.0
Cailloux... 81.0 (siliceux).

1,000 de terre contiennent :

	TERRE FINE.	TERRE BRUNE.
Azote....................................	2.14	1.97
Acide phosphorique.......................	0.92	0.84
Potasse..................................	0.59	0.54
Carbonate de chaux.......................	0.30	0.27

Cette terre a l'aspect d'une terre arable; elle renferme des débris végétaux; elle est très friable après dessiccation; elle est riche en humus et en azote, assez riche en acide phosphorique, mais peu riche en potasse. Elle possède un certain fonds de fertilité.

N° 147. Ankatafo (3 kilomètres ouest du village, rive droite du Mananjary).

Végétation spontanée. 10 kilomètres carrés. Terres inondées à certaines époques. Marais. Sol pouvant devenir fertile après dessèchement. Riz.

L'échantillon ne renfermait pas de cailloux.

1,000 de terre contiennent:

Azote 2.66
Acide phosphorique 1.56
Potasse 1.15
Carbonate de chaux 0.60

Cette terre a l'aspect d'une terre arable; elle renferme quelques débris végétaux; elle est dure, mais un peu friable après dessiccation. Elle est très riche en humus et en azote, riche en acide phosphorique et en potasse et susceptible de devenir une terre fertile.

N° 351. Jardin d'essai à Mananjary et à 3 kilomètres de la rive gauche du fleuve Mananjary.

Végétation spontanée. Terre semblable sur presque tous les mamelons de la rive du Mananjary. Les caféiers viennent bien.

L'échantillon ne renfermait pas de cailloux.

1,000 de terre contiennent:

Azote 2.61
Acide phosphorique 2.38
Potasse 0.24
Carbonate de chaux .... traces.

Cette terre a l'aspect d'une terre arable, d'un gris cendré; elle est assez friable après dessiccation; elle est très riche en humus, en azote et en acide phosphorique, pauvre en potasse. Elle offre d'assez grandes ressources.

N° 144. Tsarahafatra, rive droite de Mananjary.

Flanc de coteau. Végétation spontanée. La région se compose de plusieurs sortes de terrains. Sol fertile; a été cultivé en cannes à sucre; il est abandonné.

L'échantillon ne renfermait pas de cailloux.

1,000 de terre contiennent:

Azote 0.42
Acide phosphorique 0.84
Potasse 4.14
Carbonate de chaux 0.70

Cette terre jaunâtre est dure après dessiccation ; elle contient peu d'humus et d'azote, sensiblement d'acide phosphorique, beaucoup de potasse. Elle offre un certain fonds de fertilité.

N° 145. Tsiatosika. A proximité du village ; rive gauche du Mananjary.
Brousses. Hautes herbes. Flanc de coteau. 100 kilomètres carrés. Terre peu fertile. Manioc, patates. Rizières dans les bas-fonds. Plusieurs sortes de terrains.

L'échantillon renfermait pour 1,000 de terre :

Terre fine.	921.0
Cailloux.	79.0 (siliceux).

1,000 de terre contiennent :

	TERRE FINE.	TERRE BRUTE.
Azote.	0.22	0.20
Acide phosphorique.	0.51	0.47
Potasse.	0.51	0.47
Carbonate de chaux.	1.50	1.38

Cette terre ocreuse, d'un rouge vif, est très dure après dessiccation ; elle contient extrêmement peu d'azote, peu d'acide phosphorique et de potasse. Elle n'offre qu'un faible fonds de fertilité.

N° 389. Sol et sous-sol mélangés. Échantillon pris sur le bord du Mananjary, dans la propriété dite *Bakora*, à environ 25 kilomètres de Mananjary. Caféiers en bon état.

L'échantillon ne renfermait pas de cailloux.
1,000 de terre contiennent :

Azote.	1.60
Acide phosphorique.	1.38
Potasse.	1.95
Carbonate de chaux.	traces.

Cette terre arable, micacée, est un peu friable après dessiccation ; elle est riche en humus et en azote, assez riche en acide phosphorique, riche en potasse. Elle offre d'assez grandes ressources.

N° 146. Ankarimalaza, rive droite du Faraony (sud-sud-est du village). 300 mètres. Flanc de coteau. Végétation spontanée. Hautes herbes et arbustes. 1,100 kilomètres carrés. Région côtière au sud de Mananjary. On cultive manioc et légumes dans les quelques bonnes terres existantes. 30-40 hectares du même terrain. Peu de bonnes terres.

L'échantillon renfermait pour 1,000 de terre :

Terre fine.	870.0
Cailloux.	130.0 (siliceux).

1,000 de terre contiennent :

	TERRE FINE.	TERRE BRUTE.
Azote	1.80	1.57
Acide phosphorique	1.00	0.87
Potasse	0.42	0.36
Carbonate de chaux	0.50	0.43

Cette terre a l'aspect d'une terre arable ; elle renferme quelques débris végétaux ; elle est très dure après dessiccation ; elle est riche en humus et en azote, sensiblement riche en acide phosphorique et pauvre en potasse ; elle doit être regardée comme une terre susceptible d'une production moyenne.

N° 350. A 10 kilomètres de la côte à 7 kilomètres du lit du fleuve de Faraony, sur la rive droite. Sol. Végétation spontanée. Grandes herbes, arbustes. 2,500 hectares environ, assez fertiles. Bons pâturages.

Cet échantillon donne une idée du terrain de la plus grande partie du district de Loholoka.

L'échantillon ne renfermait pas de cailloux.
1,000 de terre contiennent :

Azote	0.77
Acide phosphorique	0.38
Potasse	0.08
Carbonate de chaux	traces.

Cette terre jaunâtre est dure après dessiccation ; elle est peu riche en humus et en azote, pauvre en acide phosphorique, extrêmement pauvre en potasse ; elle n'offre que de faibles ressources.

N° 385. Sous-sol de l'échantillon précédent.
L'échantillon renfermait pour 1,000 de terre :

Terre fine	630.0
Cailloux	370.0 (siliceux).

1,000 de terre contiennent :

	TERRE FINE.	TERRE BRUTE.
Azote	0.74	0.47
Acide phosphorique	0.34	0.21
Potasse	0.25	0.16
Carbonate de chaux	traces.	traces.

Cette terre jaunâtre est assez dure après dessiccation ; elle est peu riche en humus et en azote, pauvre en acide phosphorique et en potasse ; elle n'offre que de faibles ressources.

N° 386. Sol. A 10 kilomètres de la côte, sur la rive droite du Faraony.
Sol herbeux ; végétation spontanée ; quelques arbres. Terrains assez fertiles.

L'échantillon ne contenait pas de cailloux.
1,000 de terre contiennent :

Azote	0.95
Acide phosphorique	0.44
Potasse	0.15
Carbonate de chaux	traces.

Cette terre a l'aspect d'une terre arable ; elle est très friable après dessiccation ; elle est sensiblement riche en humus et en azote, pauvre en acide phosphorique, très pauvre en potasse. Elle n'offre que de faibles ressources.

Nº 387. Sous-sol de l'échantillon précédent.

L'échantillon renfermait pour 1,000 de terre :

Terre fine	540.0
Cailloux	460.0 (siliceux)

1,000 de terre contiennent :

	TERRE FINE.	TERRE BRUTE.
Azote	0.76	0.41
Acide phosphorique	0.56	0.30
Potasse	0.14	0.08
Carbonate de chaux	traces.	traces.

Cette terre, jaunâtre, est assez dure après dessiccation ; elle est peu riche en humus et en azote, pauvre en acide phosphorique, très pauvre en potasse ; elle n'offre que de faibles ressources.

Nº 388. Sous-sol du 1.º 351.

L'échantillon ne renfermait pas de cailloux.
1,000 de terre contiennent :

Azote	1.00
Acide phosphorique	1.28
Potasse	2.29
Carbonate de chaux	traces.

Cette terre a l'aspect d'une terre arable ; elle est un peu friable après dessiccation ; elle est légèrement micacée. Sensiblement riche en humus et en azote, assez riche en acide phosphorique, riche en potasse, elle offre d'assez grandes ressources.

Les terres prélevées dans cette province sont, les unes des terres cultivées ou des fonds de vallées plus ou moins marécageux ; il y a alors une certaine accumulation de matières fertilisantes ; les autres, des terres incultes qui sont en général assez pauvres.

Il paraît y avoir des terres de valeur très différentes, et il y aura lieu de choisir soigneusement celles qui sont susceptibles d'être mises en culture. Quelquefois le sous-sol, pris à une très faible profondeur, offre une assez grande richesse. Dans ce cas, il y a intérêt à l'incorporer à la terre par des labours profonds.

Cette composition des sous-sols est de nature à augmenter la fertilité des terres.

PROVINCE DE FARAFANGANA.

Secteur de Vohipeno.

N° 309. Échantillon n° 1 (sans dossier).

L'échantillon renfermait pour 1,000 de terre :

Terre fine	670.0
Cailloux	330.0

1,000 de terre contiennent :

	TERRE FINE.	TERRE BRUTE.
Azote	2.47	1.65
Acide phosphorique	2.44	1.63
Potasse	0.15	0.10
Carbonate de chaux	traces.	traces.

Cette terre a l'aspect d'une terre arable ; elle est assez dure après dessiccation ; elle est riche en humus, en azote et en acide phosphorique, et très pauvre en potasse. Elle serait susceptible d'une assez grande fertilité, surtout par l'apport d'engrais potassiques.

N° 310. Échantillon n° 2 (sans dossier).

L'échantillon ne renfermait pas de cailloux.
1,000 de terre contiennent :

Azote	0.71
Acide phosphorique	0.64
Potasse	0.98
Carbonate de chaux	traces.

Cette terre grisâtre est très micacée ; elle n'a pas de consistance après dessiccation ; elle est peu riche en humus, en azote et en acide phosphorique et contient sensiblement de potasse. Elle renferme certaines ressources pour la culture.

N° 311. Échantillon n° 3 (sans dossier).

L'échantillon renfermait pour 1,000 de terre :

Terre fine	420.0
Cailloux	580.0 (siliceux).

1,000 de terre contiennent :

	TERRE FINE.	TERRE BRUTE.
Azote	1.68	0.71
Acide phosphorique	0.68	0.29
Potasse	0.19	0.08
Carbonate de chaux	traces.	traces.

Cette terre arable contient quelques débris organiques ; elle est assez friable après dessiccation ; elle est riche en humus et en azote, peu riche en acide phosphorique, très pauvre en potasse. Elle ne renferme que de faibles ressources.

N° 312. Échantillon n° 4 (sans dossier).

L'échantillon ne renfermait pas de cailloux.
1,000 de terre contiennent :

Azote	0.81
Acide phosphorique	1.65
Potasse	0.44
Carbonate de chaux	traces.

Cette terre arable, un peu micacée, est friable après dessiccation ; elle contient sensiblement d'humus et d'azote ; elle est riche en acide phosphorique et renferme un peu de potasse. Elle offre quelques ressources.

N° 313. N° 5 (sans dossier).

L'échantillon renfermait pour 1,000 de terre :

Terre fine	810.0
Cailloux	190.0 (siliceux).

1,000 de terre contiennent :

	TERRE FINE.	TERRE BRUTE.
Azote	0.57	0.46
Acide phosphorique	1.59	1.29
Potasse	0.15	0.12
Carbonate de chaux	traces.	traces.

Cette terre ocreuse est dure après dessiccation ; elle est pauvre en humus et en azote, riche en acide phosphorique, très pauvre en potasse. Elle offre quelques ressources.

N° 314. Échantillon n° 6. Secteur de Farafangana. Arrondissement de Mahazoarivo (sans dossier).

L'échantillon renfermait pour 1,000 de terre :

Terre fine	800.0
Cailloux	200.0

1,000 de terre contiennent :

	TERRE FINE.	TERRE BRUTE.
Azote	0.86	0.69
Acide phosphorique	0.53	0.42
Potasse	0.19	0.15
Carbonate de chaux	traces.	traces.

Cette terre jaunâtre est assez dure après dessiccation ; elle contient sensiblement d'humus et d'azote, peu d'acide phosphorique, très peu de potasse. Elle n'offre que d'assez faibles ressources.

N° 315. Échantillon n° 7. Arrondissement de Vohitromby (sans dossier).

L'échantillon renfermait pour 1,000 de terre :

Terre fine.. ... 816.0
Cailloux .... 184.0 (siliceux).

1,000 de terre contiennent :

	TERRE FINE.	TERRE BRUTE.
Azote..	2.00	1.63
Acide phosphorique....................................	1.58	1.29
Potasse..	0.22	0.18
Carbonate de chaux...................................	traces.	traces.

Cette terre arable est friable après dessiccation ; elle est riche en humus, en azote et en acide phosphorique, très pauvre en potasse. Elle présente d'assez grandes ressources pour la culture.

N° 316. Échantillon n° 8 (sans dossier).

L'échantillon renfermait pour 1,000 de terre :

Terre fine.. 820.0
Cailloux .... 180.0 (siliceux).

1,000 de terre contiennent :

	TERRE FINE.	TERRE BRUTE.
Azote..	1.34	1.10
Acide phosphorique....................................	1.43	1.17
Potasse	0.20	0.16
Carbonate de chaux...................................	traces.	traces.

Cette terre arable ocreuse est assez friable après dessiccation ; elle est riche en humus, en azote et en acide phosphorique, très pauvre en potasse. Elle offre quelques ressources.

N° 409. Échantillon n° 9 (sans dossier).

L'échantillon ne renfermait pas de cailloux.
1,000 de terre contiennent :

Azote.. 1.17
Acide phosphorique 0.83
Potasse.. 0.19
Carbonate de chaux .. .. traces.

Cette terre offre quelques ressources.

Secteur d'Ikongo.
N° 317. Échantillon n° 10 (sans dossier).

L'échantillon renfermait pour 1,000 de terre :

Terre fine.. 870.0
Cailloux .... 130.0 (siliceux).

1,000 de terre contiennent :

	TERRE FINE.	TERRE BRUTE.
Azote	1.51	1.31
Acide phosphorique	0.88	0.77
Potasse	0.10	0.09
Carbonate de chaux	traces.	traces.

Cette terre arable ocreuse est assez friable après dessiccation ; elle est assez riche en humus et en azote, sensiblement riche en acide phosphorique, extrêmement pauvre en potasse ; elle offre quelques ressources.

Nº 318. Échantillon nº 11 (sans dossier).

L'échantillon ne renfermait pas de cailloux.
1,000 de terre contiennent :

Azote	0.50
Acide phosphorique	0.79
Potasse	0.14
Carbonate de chaux	traces.

Cette terre ocreuse est assez friable après dessiccation ; elle contient peu d'humus et d'azote, sensiblement d'acide phosphorique, très peu de potasse ; elle offre quelques ressources.

Nº 319. Échantillon nº 12 (sans dossier).

L'échantillon ne renfermait pas de cailloux.
1,000 de terre contiennent :

Azote	0.61
Acide phosphorique	0.43
Potasse	0.14
Carbonate de chaux	traces.

Cette terre jaunâtre est assez friable après dessiccation ; elle contient peu d'humus, d'azote et d'acide phosphorique, très peu de potasse. Elle n'offre que de faibles ressources.

Nº 320. Échantillon nº 13 (sans dossier).

L'échantillon ne renfermait pas de cailloux.
1,000 de terre contiennent :

Azote	0.40
Acide phosphorique	0.75
Potasse	0.14
Carbonate de chaux	traces.

Cette terre ocreuse jaunâtre est assez dure après dessiccation ; elle est pauvre en humus et en azote, peu riche en acide phosphorique, très pauvre en potasse. Elle n'offre que de faibles ressources.

Secteur de Vangaindrano. — N° 321. Échantillon n° 14 (sans dossier).

L'échantillon ne renfermait pas de cailloux.
1,000 de terre contiennent :

Azote... 0.83
Acide phosphorique.. 0.70
Potasse... 0.32
Carbonate de chaux.. traces.

Cette terre a l'aspect d'une terre arable ; elle est assez friable après dessiccation ; elle est peu riche en humus, en azote et en acide phosphorique, pauvre en potasse. Elle offre quelques ressources.

N° 322. Échantillon n° 15 (sans dossier).

L'échantillon renfermait pour 1,000 de terre :

Terre fine.. 860.0
Cailloux.. 140.0 (siliceux).

1,000 de terre contiennent :

	TERRE FINE.	TERRE BRUTE.
Azote..	1.69	1.45
Acide phosphorique.................................	1.64	1.42
Potasse..	0.24	0.21
Carbonate de chaux.................................	traces.	traces.

Cette terre ocreuse très foncée est dure après dessiccation ; elle est riche en humus, en azote et en acide phosphorique, pauvre en potasse. Elle offre des ressources à la culture.

N° 323. Échantillon n° 16 (sans dossier).

L'échantillon ne renfermait pas de cailloux.
1,000 de terre contiennent :

Azote... 1.28
Acide phosphorique.. 2.24
Potasse... 0.37
Carbonate de chaux.. traces.

Cette terre a l'aspect d'une terre arable ; elle est friable après dessiccation ; elle contient sensiblement d'humus et d'azote ; elle est très riche en acide phosphorique et renferme un peu de potasse. Elle offre d'assez bonnes ressources de fertilité.

N° 324. Échantillon n° 17 (sans dossier).

L'échantillon renfermait pour 1,000 de terre :

Terre fine.. 820.0
Cailloux.. 180.0 (siliceux).

1,000 de terre contiennent :

	TERRE FINE.	TERRE BRUTE.
Azote	1.91	1.57
Acide phosphorique	2.65	2.17
Potasse	0.22	0.18
Carbonate de chaux	traces.	traces.

Cette terre a l'aspect d'une terre arable; elle est friable après dessiccation; elle est riche en humus et en azote, très riche en acide phosphorique, pauvre en potasse. Elle offre des ressources à la culture.

Les terres de la province de Farafangana sont les unes ocreuses, plus ou moins modifiées ou enrichies par la culture, présentant des caractères généraux des terres de cette formation; d'autres, en plus grand nombre, représentent des terres d'alluvions, avec un aspect terreux, généralement perméables et faciles à entamer par les instruments de labour; elles doivent être regardées comme de véritables terres de culture.

Le calcaire leur manque entièrement, mais elles sont riches en acide phosphorique; l'humus s'y est accumulé en fortes proportions, et, n'était la faible proportion de potasse qu'elles renferment, on pourrait leur attribuer la qualification de « terres très fertiles ».

D'une manière générale, la province de Farafangana doit être regardée comme offrant des ressources sérieuses à la culture et mérite d'attirer l'attention des colons.

CERCLE DE FORT-DAUPHIN.

Limites. — Au nord et au nord-ouest, province de Farafangana et cercle des Bara; à l'ouest, province de Tuléar, au sud et à l'est, la mer.

Topographie générale. — Pays très mouvementé en dehors du voisinage immédiat de la côte. Côte Est, en général sablonneuse; à l'intérieur, vallées fertiles. Pays bien arrosé.

Géologie. — Terrain volcanique sur un grand nombre de points.

Climat. — Sain à Fort-Dauphin, mais moins sain sur les autres points de la côte et à l'intérieur, où les accès de fièvre sont fréquents.

Commerce et industrie. — Commerce très actif. Celui du caoutchouc est particulièrement important, mais il est sujet à des fluctuations. Les produits européens trouvent un bon débouché dans la province. Industrie peu développée.

Cultures. — Très prospères dans le voisinage immédiat de Fort-Dauphin et dans certains vallées fertiles et bien arrosées. Très beaux pâturages aux environs de Fort-Dauphin.

Voies de communication. — De nombreuses routes muletières ont été ouvertes; une route carrossable est projetée pour relier Fianarantsoa à Fort-Dauphin. Quelques fleuves côtiers sont navigables toute l'année sur une partie de leur cours.

Ressources naturelles. — Sources thermales, quartz aurifères, minerais de fer et d'étain, arbres à caoutchouc.

Colonisation. — Très développée à Fort-Dauphin, où se trouvent une centaine de colons.

N° 171. Ranobé. Sur la rive gauche du Manampanihy, sur un petit mamelon, à une altitude de 5o mètres environ.

Le terrain cultivé, servant à la plantation du riz de montagne, est d'une superficie de 1o hectares environ. A certains endroits, sur des mamelons et flancs de collines environnantes, on rencontre des blocs de pierre très dure. Les petits mamelons et les vallées sont couverts de cultures et de pâturages. Les collines plus élevées sont boisées et riches en essences.

L'échantillon ne renfermait pas de cailloux.

1,000 de terre contiennent :

    Azote.. 1.9o
    Acide phosphorique... 1.1ʒ
    Potasse.. 1.81
    Carbonate de chaux... traces.

Cette terre a l'aspect d'une terre arable; elle est légèrement micacée; elle est friable après dessiccation ; elle est riche en humus, en azote, en acide phosphorique et en potasse. Elle offre un bon fonds de fertilité.

N° 170. Échantillon pris sur la rive gauche du Manampanihy, à flanc de coteau, à une altitude de 15 mètres environ, entre le fleuve et le village d'Ampanibé.

Terrain cultivé en manioc, patates et riz de montagne, d'une superficie de 2o à 25 hectares environ. Le sol en cet endroit est légèrement rocailleux, mais pas assez pour empêcher la belle venue de la patate, du manioc, ainsi que du riz de montagne. En général, assez fertile; jolis pâturages.

L'échantillon ne renfermait pas de cailloux.

1,0o0 de terre contiennent :

    Azote.. 2.85
    Acide phosphorique... 2.58
    Potasse.. 1.o5
    Carbonate de chaux... traces.

Cette terre a l'aspect d'une terre arable; elle est très friable après dessiccation ; elle est très riche en humus, en azote et en acide phosphorique, sensiblement riche en potasse. Elle offre un très bon fonds de fertilité.

N° 169. Pris sur la rive droite du Manampanihy.

Nombreuses rizières. Vallée située à 3 ou 4 mètres d'altitude. La composition du terrain diffère sensiblement sur les collines et mamelons environnants, où il est légèrement rocailleux, mais propre cependant à la culture du manioc, de la patate et du riz de montagne; 2o hectares de cultures. Le terrain est consistant dans les parties élevées et fangeux dans les bas-fonds, surtout pendant la saison des pluies.

Le terrain est en général très fertile, soit en cultures ou en pâturages.

L'échantillon renfermait pour 1,000 de terre :

    Terre fine... 91o.o
    Cailloux... 9o.o (siliceux).

1,000 de terre contiennent :

	TERRE FINE.	TERRE BRUTE.
Azote	1.96	1.78
Acide phosphorique	1.50	1.36
Potasse	0.97	0.88
Carbonate de chaux	traces.	traces.

Cette terre a l'aspect d'une terre arable; elle est très friable après dessiccation; elle est riche en humus, en azote et en acide phosphorique, sensiblement riche en potasse. Elle offre un bon fonds de fertilité.

Nº 328. Manantenina.
Echantillon pris à côté du potager du poste. Vallée du Manampanihy.

L'échantillon ne renfermait pas de cailloux.
1,000 de terre contiennent :

Azote	0.90
Acide phosphorique	0.14
Potasse	0.29
Carbonate de chaux	traces.

Cette terre a l'aspect d'une terre arable grisâtre, sans consistance. Elle est sensiblement riche en azote, très pauvre en acide phosphorique, pauvre en potasse. Elle n'offre que de faibles ressources.

Nº 327. Ranomafana.
Échantillon pris dans la vallée d'Ambolo, à flanc de coteau, au pied du poste, à quelque distance du Manampanihy.

L'échantillon renfermait pour 1,000 de terre :

Terre fine	820.0
Cailloux	180 0 (siliceux).

1,000 de terre contiennent :

	TERRE FINE.	TERRE BRUTE.
Azote	1.85	1.52
Acide phosphorique	1.01	0.83
Potasse	0.22	0.18
Carbonate de chaux	traces.	traces.

Cette terre a l'aspect d'une terre arable foncée; elle est sans consistance. Elle est riche en humus et en azote, sensiblement riche en acide phosphorique, pauvre en potasse. Elle offre d'assez grandes ressources.

Nº 174. Échantillon pris sur la rive droite du Fanjahira, près du village du même nom, dans une vallée, à une altitude approximative de 80 mètres.
Le sol en cet endroit est couvert de pâturages, piqué çà et là de bouquets de cactus. La région environnante est composée du même terrain, sur une étendue

d'environ 4o hectares; des plantations de manioc et de patates y sont cultivées. Fangeux dans les bas-fonds, surtout à la saison des pluies, le sol est parsemé de petites brousses sur les mamelons et les collines.

L'échantillon renfermait pour 1,000 de terre :

Terre fine... 770.0
Cailloux... 230.0 (siliceux).

1,000 de terre contiennent :

	TERRE FINE.	TERRE BRUTE.
Azote...............................	2.15	1.66
Acide phosphorique..................	3.82	2.94
Potasse.............................	0.76	0.59
Carbonate de chaux..................	0.80	0.62

Cette terre a l'aspect d'une terre arable; elle est friable après dessiccation; elle est très riche en humus, en azote et en acide phosphorique, contient sensiblement de potasse et un peu de chaux. Elle offre un bon fonds de fertilité.

N° 173. Farantsa.

Échantillon pris dans une vallée à une altitude moyenne de 65 mètres, dans un terrain cultivé entre des rizières et des champs de manioc. Le terrain environnant semble être de même composition que celui où a été pris l'échantillon : les mêmes cultures (patates, manioc, maïs et riz) y viennent bien. La partie cultivée peut être évaluée à 25 ou 3o hectares.

L'échantillon renfermait pour 1,000 de terre :

Terre fine... 810.0
Cailloux... 190.0 (siliceux).

1,000 de terre contiennent :

	TERRE FINE.	TERRE BRUTE.
Azote...............................	3.46	2.80
Acide phosphorique..................	2.94	2.38
Potasse.............................	0.93	0.75
Carbonate de chaux..................	1.20	0.97

Cette terre a l'aspect d'une terre arable très foncée; elle est très friable après dessiccation; elle est très riche en humus, en azote et en acide phosphorique, assez riche en potasse et contient un peu de chaux. Elle est bien pourvue d'éléments fertilisants.

N° 176. Nahimpoana.

Sur les bords de la rivière qui coule près du village, à une altitude moyenne de 25 mètres. Le terrain environnant est marécageux dans les bas-fonds et consistant sur les mamelons et petites collines. La plupart de ces mamelons et collines sont couverts de petite brousse; les bas-fonds servent aux cultures de riz, de manioc et de patates. La superficie cultivée peut être évaluée à 20 hectares.

MM. Müntz et Rousseaux.   12

L'échantillon renfermait pour 1,000 de terre :

    Terre fine. 740.0
    Cailloux. . . . . 260.0 (siliceux).

1,000 de terre contiennent :

	TERRE FINE.	TERRE BRUTE.
Azote.	2.00	1.48
Acide phosphorique.	0.57	0.42
Potasse.	0.42	0.31
Carbonate de chaux.	traces.	traces.

Cette terre a l'aspect d'une terre arable; elle est un peu friable après dessiccation ; elle est riche en humus et en azote, pauvre en acide phosphorique et en potasse. Elle ne semble pas offrir de grandes ressources.

N° 326. Nampoa.
Échantillon pris au jardin d'essais.

L'échantillon renfermait pour 1,000 de terre :

    Terre fine. 880.0
    Cailloux. . . . . 120.0 (siliceux).

1,000 de terre contiennent :

	TERRE FINE.	TERRE BRUTE.
Azote.	1.66	1.46
Acide phosphorique.	1.35	1.19
Potasse.	0.24	0.21
Carbonate de chaux	traces.	traces.

Cette terre a l'aspect d'une terre arable foncée, sans consistance. Elle est riche en humus, en azote et en acide phosphorique, pauvre en potasse. Elle offre quelques ressources.

N° 172. Soanierano.
L'échantillon a été prélevé dans les environs du village, à flanc de coteau, à une altitude de 30 mètres environ. Le terrain cultivé fournit de belles plantations de patates, manioc, maïs et tabac. Au pied du coteau s'étendent de nombreuses rizières. La superficie du terrain cultivé peut être évalué à 50 ou 60 hectares. Très argileux en certains endroits, le sol est très fertile et les plantations de belle venue.

L'échantillon renfermait pour 1,000 de terre :

    Terre fine. 900.0
    Cailloux. . . . . 100.0 (siliceux).

1,000 de terre contiennent :

	TERRE FINE.	TERRE BRUTE.
Azote.	0.52	0.47
Acide phosphorique.	0.38	0.34
Potasse.	0.51	0.46
Carbonate de chaux	traces.	traces.

Cette terre a l'aspect d'une terre arable jaunâtre; elle est dure après dessiccation; elle est pauvre en humus, en azote, en acide phosphorique et en potasse et n'offre qu'un faible fonds de fertilité.

N° 329. Manantantely.
Échantillon pris sur la plantation Bocard (vanille et café).

L'échantillon ne renfermait pas de cailloux.
1,000 de terre contiennent :

Azote	2.58
Acide phosphorique	1.60
Potasse	0.63
Carbonate de chaux	traces.

Cette terre a l'aspect d'une terre arable; elle est friable après dessiccation. Elle est très riche en humus et en azote, riche en acide phosphorique et contient sensiblement de potasse. Elle offre d'assez grandes ressources.

N° 175. Pris à Manantantely au milieu d'un champ de manioc, au sommet d'un petit mamelon de 60 mètres d'altitude; 25 hectares de cultures.
Terrain très fertile, belles cultures, riches pâturages. Les coteaux environnants sont de même composition, mais les bas-fonds sont moins rocailleux et moins sablonneux.

L'échantillon renfermait pour 1,000 de terre :

Terre fine	800.0
Cailloux	200.0 (siliceux).

1,000 de terre contiennent :

	TERRE FINE.	TERRE BRUTE.
Azote	1.23	0.98
Acide phosphorique	6.25	5.00
Potasse	0.20	0.16
Carbonate de chaux	1.00	0.80

Cette terre a l'aspect d'une terre arable; elle est un peu friable après dessiccation; elle est assez riche en humus et en azote, extrêmement riche en acide phosphorique, très pauvre en potasse; si cet élément ne lui faisait pas défaut, elle offrirait un très bon fonds de fertilité.

N° 330. Manambaro.
Échantillon prélevé au pied du poste, à quelque distance de la rivière de Manambaro.

L'échantillon renfermait pour 1,000 de terre :

Terre fine	630.0
Cailloux	370.0 (siliceux).

12.

1,000 de terre contiennent :

	TERRE FINE.	TERRE BRUTE.
Azote	0.91	0.57
Acide phosphorique	0.58	0.37
Potasse	0.05	0.03
Carbonate de chaux	traces.	traces.

Cette terre est d'un gris cendré; elle est assez friable après dessiccation. Elle contient sensiblement d'humus et d'azote; elle est peu riche en acide phosphorique et extrêmement pauvre en potasse. Elle ne présente que de faibles ressources.

N° 168. Ihango, village situé à 5 kilomètres sud-ouest du poste de Manambaro, sur un plateau au pied de hautes montages.

Entre le plateau et la montagne coule le Ranolava, dont la vallée forme de belles rizières. Le sol où a été pris l'échantillon est couvert d'une végétation luxuriante. Les parties cultivées, ce sont de beaux champs de manioc, patates, canne à sucre, bananiers, tabac. Sur une étendue de 1 kilom. 500 du Nord au Sud et de 2 kilom. 500 de l'Est à l'Ouest, le sol paraît être le même.

L'échantillon renfermait pour 1,000 de terre :

Terre fine	760.0
Cailloux	240.0 (siliceux).

1,000 de terre contiennent :

	TERRE FINE.	TERRE BRUTE.
Azote	2.23	1.69
Acide phosphorique	0.68	0.52
Potasse	0.20	0.15
Carbonate de chaux	traces.	traces.

Cette terre a l'aspect d'une terre arable, elle est noirâtre, très friable après dessiccation; elle est très riche en humus et en azote, sensiblement riche en acide phosphorique, très pauvre en potasse. Les cendres et d'ailleurs tous les engrais potassiques l'amélioreraient beaucoup. Elle manque en outre de calcaire, et un apport de cet élément permettrait à l'azote organique de devenir assimilable. Par ces améliorations, elle serait susceptible de donner des résultats plus satisfaisants.

N° 325. Behara.

Échantillon pris dans la vallée du Mananara. Terrain inondé aux grandes crues. Cultures de patates, maïs. Végétation spontanée du ricin. Le jardin potager du poste, situé dans cette vallée, est très fertile.

L'échantillon ne renfermait pas de cailloux.

1,000 de terre contiennent :

Azote	3.29
Acide phosphorique	1.65
Potasse	0.24
Carbonate de chaux	traces.

Cette terre a l'aspect d'une terre arable foncée ; elle est assez dure après dessiccation. Elle est très riche en humus et en azote, riche en acide phosphorique, pauvre en potasse. Elle offre d'assez grandes ressources pour la culture.

Les échantillons de terres pris dans le cercle de Fort-Dauphin n'appartiennent pas, au moins pour le plus grand nombre, au type des terres ocreuses ; elles sont de nature différente et présentent l'aspect de terres arables, perméables et faciles à travailler.

Les échantillons qui nous sont parvenus sont presque tous riches en humus, en azote, en acide phosphorique et contiennent un peu plus de potasse que la généralité des terres de l'île ; le calcaire y fait presque entièrement défaut.

Quoiqu'un grand nombre des échantillons recueillis paraissent provenir de terres cultivées et se trouvent ainsi dans des conditions particulièrement avantageuses, on peut dire, d'une façon générale, que le cercle de Fort-Dauphin est constitué par des sols assez riches pouvant être avantageusement mis en culture. Le voisinage d'anciens volcans a pu influer favorablement sur leur composition.

CERCLE DE TULÉAR.

Limites. — Au nord, le Mangoka ; à l'est, le cercle des Bara et le cercle de Fort-Dauphin ; au sud et à l'ouest, le canal de Mozambique.

Topographie générale. — Sur la côte, dunes sablonneuses dont le relief ne dépasse guère 40 mètres ; zone assez pauvre, puis des plateaux offrant d'assez riches pâturages, ensuite une deuxième série de plateaux plus élevés et qui s'étendent à l'Est jusqu'au pays des Bara. Quelques forêts importantes. Quelques cours d'eau importants qui s'enflent pendant la saison des pluies, mais dont le débit se réduit à peu de chose pendant la saison sèche. En somme, pays moyennement arrosé.

Climat. — Tempéré et sain pendant la saison sèche, mais moins salubre pendant la saison des pluies.

Géologie. — Terrains sédimentaires.

Cultures. — Riz, manioc, maïs et pois du Cap (spécialité du pays). Les légumes et fruits d'Europe réussissent bien dans certaines parties du cercle. On y rencontre aussi quelques terrains fertiles, dans les environs de Tuléar, par exemple. L'élevage pourrait donner de bons résultats. Nombreux troupeaux.

Commerce et industrie. — Commerce assez important : tortues, aigrettes, pois du Cap, caoutchouc et bœufs. Tuléar peut devenir bientôt un port de quelque importance.

L'industrie est encore assez limitée : à signaler l'industrie séricicole et celle de la construction d'embarcations à Tuléar, à Nosy Vé et à Belo ; pêche et recherche des huîtres perlières assez développées.

Voies de communication. — Route muletière de Fianarantsoa à Tuléar, par Ihosy. Nombreux sentiers indigènes difficilement praticables pendant la saison des pluies.

Ressources naturelles. — Ressources agricoles, mines d'antimoine, ambre gris, plumes d'aigrette.

Colonisation. — A pris un développement important, grâce à la salubrité du climat et à la fertilité des environs de Tuléar. Environ 120 colons.

Secteur des Tanosy.

Poste Sakamaré. — N° 256. Elarano (1 kilom. 600 Nord-Est). Plaine de Mantaora, vallée du Sakamaré, affluent de l'Onjlahy.

Le sol n'est cultivé qu'en de rares endroits, voisins des cours d'eau; partout ailleurs herbes maigres, arbustes. Aspect identique pour toute la plaine, des monts de Mantaora à l'Onihaly (6 kilomètres de longueur sur 2 à 3 kilomètres de largeur). Plaine servant de pâturage en toute saison; pendant les pluies l'herbe est plus abondante, mais dès les premiers jours d'hiver elle se sèche et brûle sur de grands espaces. Des ravines s'y creusent pour l'écoulement des eaux trop abondantes, elles naissent brusquement dans un effondrement du sol et se réunissent en s'élargissant dans une ravine plus grande qui meurt à son tour dans une eau courante.

L'échantillon ne renfermait pas de cailloux.

1,000 de terre contiennent :

Azote	1.35
Acide phosphorique	2.04
Potasse	0.24
Carbonate de chaux	traces.

Cette terre a l'aspect d'une terre arable; elle est dure après dessiccation; elle est assez riche en humus, en azote et en acide phosphorique, pauvre en potasse. Elle offre d'assez grandes ressources à la culture.

N° 257. Échantillon pris dans la vallée de l'Onihaly, près du village de Behompo.

En cet endroit, l'Onihaly reçoit un petit affluent, le Belombiro. Plaine couverte en partie de rizières, en partie de hautes herbes, thym, cactus, et par de grands arbres, indice d'une végétation assez forte. Longueur : 3 kilomètres, largeur : 400 mètres au plus (bordures de collines rocheuses). Cette plaine paraît fertile; les rizières, bien cultivées, donnent du riz en abondance; des troupeaux nombreux paissent dans les parties herbeuses, qui sont envahies lentement par des cactus.

L'échantillon renfermait pour 1,000 de terre :

Terre fine	950.0
Cailloux	50.0 (siliceux).

1,000 de terre contiennent :

	TERRE FINE.	TERRE BRUTE.
Azote	0.55	0.52
Acide phosphorique	0.76	0.72
Potasse	0.36	0.34
Carbonate de chaux	traces.	traces.

Cette terre a l'aspect d'une terre arable; elle est dure après dessiccation; elle est pauvre en humus et en azote, peu riche en acide phosphorique, pauvre en potasse. Elle n'offre que d'assez faibles ressources à la culture.

N° 252. Échantillon prélevé entre le Sakondry et la Taheza, à 18 kilomètres au nord-est de Tongobory.

Vallée. La région comprise entre les rivières Sakondry et Taheza, et l'Onihaly (fleuve), est formée du même terrain. Région favorable à l'élevage. Une grande partie pourrait en être mise en culture, après creusement de canaux d'irrigation pour amener l'eau du Sakondry et de la Taheza. Des cultures indigènes existent sur les points les plus favorables. Terrain sans relief.

L'échantillon ne renfermait pas de cailloux.

1,000 de terre contiennent :

Azote	0.98
Acide phosphorique	1.45
Potasse	0.44
Carbonate de chaux	121.50

Cette terre a l'aspect d'une terre arable grisâtre; elle est dure après dessiccation; elle contient sensiblement d'humus et d'azote, elle est riche en acide phosphorique et renferme un peu de potasse. Elle est, en outre, très calcaire; elle offre des ressources à la culture.

N° 253. Échantillon pris sur la rive droite du Sakondry, au nord-ouest de Tongobory, en amont du confluent du Sakondry avec l'Onihaly.

Vallée. Cultures : patates, manioc. Toute la région paraît se composer du même terrain. Les assises des hauteurs, dans la région, sont constituées par des grès friables et des calcaires.

L'échantillon ne renfermait pas de cailloux.

1,000 de terre contiennent :

Azote	0.75
Acide phosphorique	0.83
Potasse	0.86
Carbonate de chaux	41.80

Cette terre a l'aspect d'une terre arable; elle est assez dure après dessiccation; elle contient sensiblement d'humus, d'azote, d'acide phosphorique et de potasse; elle est, en outre, calcaire. Elle est susceptible d'une certaine fertilité.

N° 254. Tongobory. Échantillon prélevé sur la rive gauche du Sakondry, à 1 kilomètre et demi de son confluent avec l'Onilahy.

Sol couvert de hautes herbes, là où il n'est pas cultivé. Toute la région du bas Sakondry ne se compose pas du même terrain, mais, en général, elle est constituée par des sables alluvionnaires, où sont disséminées de belles rizières, fertiles et facilement irrigables. Les formations géologiques de la région paraissent être constituées par des grès très friables et par des calcaires.

L'échantillon renfermait pour 1,000 de terre :

Terre fine	930.0
Cailloux	70.0

1,000 de terre contiennent :

	TERRE FINE.	TERRE BRUTE.
Azote	0.69	0.64
Acide phosphorique	0.77	0.72
Potasse	0.61	0.57
Carbonate de chaux	59.00	55.00

Cette terre a l'aspect d'une terre arable; elle est dure après dessiccation; elle contient sensiblement d'humus, d'azote, d'acide phosphorique et de potasse; elle est, en outre, calcaire. Elle est susceptible d'une certaine fertilité.

N° 255. Poste Chanaron (400 mètres à l'est du poste).

Vallée du Sakondry (affluent de l'Onihaly), à 3 mètres 50 au-dessus de la rivière. Même nature de sol dans toute la vallée du Sakondry. Longueur: 80 kilomètres, largeur : 6 à 8 kilomètres. Terrain d'alluvions, sablonneux, avec mélange d'argile et faible proportion de terre végétale. Nombreuses rizières dans la vallée inférieure du Sakondry. Environs du poste très pauvres. Végétation spontanée disparaissant dès que commence la saison sèche.

L'échantillon représente la couche sous-jacente.

L'échantillon ne renfermait pas de cailloux.

1,000 de terre contiennent :

Azote	0.90
Acide phosphorique	1.36
Potasse	0.39
Carbonate de chaux	traces.

Cette terre a l'aspect d'une terre arable foncée; elle est dure après dessiccation; elle contient sensiblement d'humus et d'azote, elle est riche en acide phosphorique, pauvre en potasse. Elle offre quelques ressources à la culture.

N° 242. Andranomavo, à 5 kilom. 600 du poste Bligny.

Vallée. Herbes servant aux bestiaux, très nombreux en cet endroit. Sol sablonneux dans la forêt, argileux dans le Sud, où se trouvent des plantations. Pendant la saison des pluies, le sol laisse, paraît-il, infiltrer l'eau, mais le niveau des deux étangs avoisinants monte assez sensiblement. Les indigènes commencent à planter des patates dans les endroits secs de la mare Ouest. Celle du côté Est ne se dessèche pas ou peu.

L'échantillon ne renfermait pas de cailloux.

1,000 de terre contiennent :

Azote	0.83
Acide phosphorique	0.83
Potasse	0.68
Carbonate de chaux	62.80

Cette terre est grisâtre; elle est assez friable après dessiccation; elle contient sensiblement d'humus, d'azote et d'acide phosphorique, un peu de potasse; elle est, en outre, calcaire. Elle offre certaines ressources de fertilité.

N° 243. Échantillon prélevé à 800 mètres à l'est de Belavenoka, sur le chemin de Moralonaka. Ce terrain est situé entre le Ranozaza et le Manombo. Peut être arrosé. Végétation spontanée. 1 hectare de manioc et patates. 30 hectares de terre sont conformes à l'échantillon. La couche sous-jacente est légèrement sablonneuse.

L'échantillon ne renfermait pas de cailloux.
1,000 de terre contiennent :

    Azote.. 2.33
    Acide phosphorique.. 2.78
    Potasse... 0.71
    Carbonate de chaux.. 50.00

Cette terre a l'aspect d'une terre arable; elle est dure après dessiccation ; elle est très riche en humus, en azote et en acide phosphorique et contient sensiblement de potasse; elle est, en outre, calcaire. Elle peut-être considérée comme susceptible d'une bonne fertilité.

Secteur de Beraiketra.
Poste de Mikoboko. — N° 238. Échantillon pris à 2 kilomètres N.-N.-E. de Mikoboko, dans la vallée de la Manandona. Altitude : 350 mètres.

Hautes herbes. Quatre variétés de terrain sur 50,000 hectares. Échantillon pris sur 40 hectares, au N.-N.-E. du poste. Terrains sédimentaires, traversés par des éruptions volcaniques. Sol fertile, végétation assez développée. Les cours d'eaux traversant ces terrains contribuent pour une large part à la fertilité du sol. Ces terrains s'étendent en pente douce jusqu'à la Manandona, résistent très bien à l'action de la pluie et ne se désagrègent pas.

L'échantillon ne renfermait pas de cailloux.
1,000 de terre contiennent :

    Azote.. 0.64
    Acide phosphorique.. 1.09
    Potasse... 0.20
    Carbonate de chaux.. traces.

Cette terre a l'aspect d'une terre arable ; elle est friable après dessiccation ; elle est peu riche en humus et en azote, sensiblement riche en acide phosphorique, très pauvre en potasse. Ses ressources de fertilité sont faibles.

N° 239. Échantillon prélevé à 1,000 mètres au sud de Mikoboko, dans la vallée de la Manandona. Altitude : 340 mètres.

Végétation spontanée : herbes peu abondantes et peu développées. Quatre variétés de terrains sur 50,000 hectares à l'est et à l'ouest de la Manandona. Échantillon pris sur 40 hectares. Terre sableuse, peu fertile, ne conviendrait pas à toutes les cultures. C'est le moins bon des échantillons prélevés. Terrain sablonneux, absorbant beaucoup d'eau à la saison des pluies, mais se desséchant très vite. Cette terre forme la majeure partie des terrains de la région. 40 hectares seulement sont cultivables.

L'échantillon ne renfermait pas de cailloux.

1,000 de terre contiennent :

Azote	0.38
Acide phosphorique	0.15
Potasse	0.12
Carbonate de chaux	traces.

Cette terre est d'un gris cendré; elle est très friable après dessiccation; elle contient peu d'humus et d'azote, extrêmement peu d'acide phosphorique et de potasse. Ses ressources de fertilité sont presque nulles.

N° 240. Échantillon prélevé à 1,000 mètres S.-S.-O. du village d'Ambompo, au sommet d'une colline de 320 mètres d'altitude.

Hautes herbes. Quatre variétés de terrains recouvrant 50,000 hectares situés à l'est et à l'ouest de la Manandona. L'échantillon a été pris sur un terrain de 300 hectares. Terrain bien situé, propre à la culture, compris entre la petite colline d'Ambompo et l'embouchure du Sambololo, affluent de la Manandona. Terrain arrosé par plusieurs cours d'eau et résistant bien à l'action de la pluie; l'écoulement des eaux se fait lentement.

L'échantillon ne renfermait pas de cailloux.

1,000 de terre contiennent :

Azote	0.50
Acide phosphorique	0.98
Potasse	0.53
Carbonate de chaux	traces.

Cette terre a l'aspect d'une terre arable; elle est assez friable après dessiccation; elle est peu riche en humus, en azote et en potasse, sensiblement riche en acide phosphorique. Elle offre quelques ressources.

N° 241. Échantillon prélevé à 600 mètres au sud-ouest de Beamalona, dans la vallée de la Manandona. Altitude : 300 mètres.

Hautes herbes, plantes à graines. Quatre variétés de terrains sur 50,000 hectares. Échantillon provenant d'un terrain de 70 hectares. Le sol de ce terrain est le meilleur de la région. Végétation des plus développées et des plus variées, présence d'un grand nombre d'oiseaux. Une certaine fraîcheur règne constamment dans ces parages, par suite du voisinage de l'eau. Terrains résistant bien aux pluies, conviendraient à toutes les cultures; abrités de la brise, ils seraient également bons pour le café et la vanille.

L'échantillon ne renfermait pas de cailloux.

1,000 de terre contiennent :

Azote	0.40
Acide phosphorique	0.80
Potasse	0.25
Carbonate de chaux	traces.

Cette terre a l'aspect d'une terre arable foncée, elle est extrêmement friable après dessiccation; elle contient peu d'humus et d'azote, sensiblement d'acide phosphorique, très peu de potasse. Elle offre quelques ressources.

Secteur des Bara-Imamono.

N° 250. Échantillon prélevé à 100 mètres au nord du poste de Maromiandro, sur le plateau.

Végétation spontanée : brousse et sakoas (arbres de Cythère). Région uniforme sur 90 kilomètres, à cheval sur la rivière Fiherenana, entre les rivières Andranolava et Malio. Sol sablonneux, avec cailloux roulés. Terrain peu fertile, sauf sur le bord des rivières, où les rizières viennent admirablement bien. En saison des pluies, le sol est raviné et la surface souvent emportée par les eaux.

L'échantillon renfermait pour 1,000 de terre :

Terre fine...	700.0
Cailloux..	300.0 (siliceux).

1,000 de terre contiennent :

	TERRE FINE.	TERRE BRUTE.
Azote...	0.42	0.29
Acide phosphorique....................................	0.36	0.25
Potasse...	0.17	0.12
Carbonate de chaux....................................	traces.	traces.

Cette terre ocreuse est assez friable après dessiccation; elle est pauvre en humus, en azote et en acide phosphorique, très pauvre en potasse. Elle offre de très faibles ressources à la culture.

N° 251. Échantillon pris à 30 mètres à l'est des jardins du poste et à 485 mètres du poste de Maromiandro.

Vallée. Bords du Fiherenana. Brousse, roseaux, *sakoa*. L'aspect du terrain est le même tout le long du cours du Fiherenana et de ses affluents. Terrain sablonneux, avec quelque peu de bonne terre. Très bon pour les rizières et les plantations de manioc. Pourrait servir à des cultures fourragères, après irrigation. En saison des pluies, reçoit les sables entraînés du plateau par les courants ou les petits ruisseaux formés par les orages.

L'échantillon ne renfermait pas de cailloux.

1,000 de terre contiennent :

Azote..	0.99
Acide phosphorique...	1.08
Potasse..	0.15
Carbonate de chaux...	traces.

Cette terre a l'aspect d'une terre arable ocreuse; elle est assez dure après dessiccation; elle contient sensiblement d'humus, d'azote et d'acide phosphorique, très peu de potasse. Elle offre quelques ressources qui s'augmenteraient par l'apport d'amendements ou d'engrais potassiques.

Nº 249. Ankazoabo.

Échantillon pris à 35o mètres sud-ouest du poste Flayelle, dans la vallée de la Sakanavaka, à 37o mètres d'altitude.

Végétation spontanée : herbes, bouquets d'arbres (tamariniers); cultures diverses : riz, manioc, patates, etc. Dans toute la vallée, le sol est de même nature sur une étendue de 1,000 kilomètres carrés environ dans le secteur. Le sol est sablonneux, parfois marécageux, fertile, mais souvent envahi par les eaux à la saison des pluies.

L'échantillon ne renfermait pas de cailloux.

1,000 de terre contiennent :

Azote	1.21
Acide phosphorique	o.62
Potasse	o.71
Carbonate de chaux	traces.

Cette terre très noire est assez dure après dessiccation; elle est assez riche en humus et en azote, moins riche en acide phosphorique et en potasse. Elle offre quelques ressources à la culture.

Nº 248. Ankazoabo.

Échantillon prélevé à 3oo mètres au nord du poste Flayelle, sur un vaste plateau; altitude: 3oo mètres.

Végétation spontanée. Herbes et quelques arbres assez espacés. Étendue d'environ 6,ooo kilomètres carrés dans le secteur d'Ankazoabo. Terrain argileux, reposant sur une couche calcaire avec quelques affleurements. Terrain peu fertile. A la saison des pluies, le sol se comporte assez bien et donne d'assez bons pâturages pour les troupeaux de bœufs.

L'échantillon renfermait pour 1,000 de terre :

Terre fine	83o.o
Cailloux	17o.o (siliceux).

1,ooo de terre contiennent :

	TERRE FINE.	TERRE BRUTE.
Azote	o.62	o.51
Acide phosphorique	o.52	o.43
Potasse	o.36	o.3o
Carbonate de chaux	traces.	traces.

Cette terre ocreuse est assez dure après dessiccation; elle est peu riche en humus et en azote, pauvre en acide phosphorique et en potasse; elle n'offre que de faibles ressources.

Nº 244. Échantillon prélevé dans la plaine de Betsioka, à l'est de la hauteur isolée où est construit le poste.

Sol non cultivé, couvert de graminées. Ne se rencontre, par étendues de deux à trois hectares, qu'aux abords des forêts disséminées dans la vaste plaine d'Ankililoako-Betsioka.

L'échantillon ne renfermait pas de cailloux.
1,000 de terre contiennent :

Azote...	1.61
Acide phosphorique.......................................	1.62
Potasse...	0.42
Carbonate de chaux......................................	traces.

Cette terre a l'aspect d'une terre arable très foncée; elle contient quelque débris organiques; elle est dure après dessiccation. Elle est riche en humus, en azote et en acide phosphorique, moins riche en potasse. Elle est susceptible d'une certaine fertilité.

N° 245. Échantillon prélevé dans la plaine de Betsioka en différents points autour de la hauteur isolée sur laquelle est construit le poste.

La vaste plaine côtière de Betsioka-Ankililoako paraît composée de cette terre. Pendant la saison des pluies, la plaine se couvre de hautes herbes.

Le sous-sol est constitué par une argile compacte imperméable. Les eaux ne trouvant pas à s'infiltrer et restant stagnantes, délaient le sol et tuent les cultures.

L'échantillon ne renfermait pas de cailloux.
1,000 de terre contiennent :

Azote...	0.94
Acide phosphorique.......................................	0.64
Potasse...	0.37
Carbonate de chaux......................................	traces.

Cette terre a l'aspect d'une terre arable ocreuse; elle est un peu friable après dessiccation; elle contient sensiblement d'humus et d'azote; elle est peu riche en acide phosphorique et pauvre en potasse; elle offre quelques ressources.

Poste de Manandrea.
N° 246. 500 mètres sud-ouest du poste.
Plateau de 475 mètres d'altitude.
Graminées. Étendue de 500 hectares au nord-est des sources de la Manandrea. Plateau calcaire, infertile, sec.

L'échantillon ne renfermait pas de cailloux.
1,000 de terre contiennent :

Azote...	0.67
Acide phosphorique.......................................	1.06
Potasse...	0.41
Carbonate de chaux......................................	125.50

Cette terre, d'un gris cendré, est un peu friable après dessiccation; elle est peu riche en humus et en azote, contient sensiblement d'acide phosphorique et un peu de potasse; elle est en outre très calcaire. Elle offre quelques ressources à la culture.

N° 247. 1,500 mètres nord-est du poste. Altitude: 420 mètres. Humus. Sous-sol calcaire.

Graminées. Arbres. Terrain de 200 hectares. Vallée de la Manandrea. Rive gauche de la Manandrea. Sol peu fertile, sec.

L'échantillon ne renfermait pas de cailloux.
1,000 de terre contiennent :

Azote.	0.75
Acide phosphorique	0.79
Potasse	0.53
Carbonate de chaux	71.00

Cette terre, d'un gris cendré, est un peu friable après dessiccation ; elle contient sensiblement d'humus, d'azote et d'acide phosphorique, un peu de potasse ; elle est en outre calcaire. Elle offre quelques ressources à la culture.

Secteur du Bas-Mangoka.
Nᵒ 258. Échantillon pris à Tanandava, à 2 kilomètres sud-est d'Amboakely, sur un parcours de 3 à 4 kilomètres environ, dans une vallée, 40 mètres d'altitude.
Cultures : manioc, patates, maïs. 45,000 hectares environ de terrains analogues. Sur les bords du Mangoka, terre d'aspect noirâtre sur une largeur de 1 kilomètre environ, puis terrain sablonneux et argileux d'aspect plutôt rougeâtre. Le sol est fertile en toute saison, particulièrement pendant la saison des pluies.

L'échantillon ne renfermait pas de cailloux.
1,000 de terre contiennent :

Azote	0.55
Acide phosphorique	0.68
Potasse	0.37
Carbonate de chaux	traces.

Cette terre a l'aspect d'une terre arable ; elle est dure après dessiccation ; elle est pauvre en humus, en azote et en potasse ; peu riche en acide phosphorique ; elle offre quelques ressources à la culture.

Les terres prélevées dans le cercle de Tuléar offrent une assez grande variété de composition.

Dans certaines régions, quoique les terres ocreuses apparaissent par places, elles ne semblent pas dominer et nous voyons plus souvent des sols qui, par leur composition, par leur aspect, rappellent la terre arable proprement dite.

En quelques points, les terres sont franchement calcaires et se distinguent ainsi considérablement de celles qu'on rencontre le plus communément dans l'île.

Les terres ocreuses se rapprochent par leur composition de celles qu'on trouve dans le reste de l'île, c'est-à-dire qu'elles sont dépourvues de calcaire, pauvres en acide phosphorique et en potasse ; c'est seulement par l'intervention de l'eau que ces terres peuvent acquérir un certain degré de fertilité ; par elles-mêmes, elles offrent peu de ressources à la culture. Ce sont donc les vallées fraîches ou les terrains arrosables qui doivent seuls attirer l'attention. Quelques-unes de ces terres se sont enrichies par la végétation et sont alors plus aptes à la culture.

Les terres calcaires sont assez largement représentées. La proportion de carbonate de chaux varie entre 4 et 12 p. 100, c'est-à-dire que ces terres sont franchement calcaires; elles n'ont donc aucun rapport avec les terres ocreuses dont nous avons eu à parler si souvent.

Au point de vue des éléments fertilisants qu'elles contiennent, elles se distinguent également de ces dernières; la proportion d'acide phosphorique est assez sensible et quelquefois même élevée. La potasse ne fait pas défaut comme dans les terres ocreuses; si sa quantité n'est pas forte, elle est tout au moins suffisante pour la production de bonnes récoltes.

L'humus ne s'accumule pas dans ces terres, qui sont généralement perméables et dans lesquelles la nitrification peut s'accomplir normalement. Elles durcissent moins par la dessiccation que les terres ocreuses et sont, par suite, d'un travail plus facile.

Les terres calcaires de la région de Tuléar semblent donc se prêter à la culture, qui peut être rémunératrice là où l'eau intervient.

Les terres qui, sans être calcaires, ont l'aspect de terres arables, c'est-à-dire cette couleur terreuse qui les distingue des terres ocreuses ont, en général, une composition qui permet d'en tirer parti. L'acide phosphorique y est en quantité sensible, et quelquefois assez élevée, la potasse n'y fait pas aussi complètement défaut que dans les terres ocreuses; elles sont sensiblement humifères. Elles sont quelquefois sableuses et d'un travail facile, quelquefois plus argileuses et prenant un certain durcissement par la dessiccation.

Les terres offrant l'aspect de terres arables sont, en général, assez bien pourvues d'éléments fertilisants et peuvent être mises en culture; là où l'arrosage en est possible, on peut espérer obtenir des récoltes satisfaisantes.

En résumé, cette région doit être regardée comme offrant des ressources sérieuses à la colonisation.

CERCLE DE MAINTIRANO.

N° 261. Plateau peu élevé d'Antsosamena (10 mètres au-dessus de la mer). Superficie : 70 hectares.

Cultures : manioc, maïs, haricots, arachides. Terrain sablonneux, uniforme sur le plateau seulement. Ce plateau forme une légère cuvette, dont le fond est complètement immergé pendant la saison des pluies (décembre à mars) et deviendrait impropre à certaines cultures.

Le plateau est, en outre, couvert de cocotiers, manguiers, mais surtout d'énormes mabides, dont le fruit très acide est très goûté des indigènes et avec lequel ils font de l'alcool de mauvaise qualité. Il n'est cultivé que sur un sixième de la surface environ, mais il l'avait été presque en totalité avant la conquête.

L'eau est assez rare pendant la saison sèche.

L'échantillon ne renfermait pas de cailloux.

1,000 de terre contiennent :

Azote	0.51
Acide phosphorique	0.43
Potasse	0.15
Carbonate de chaux	traces.

Cette terre sableuse et jaunâtre est sans consistance; elle contient peu d'humus, d'azote et d'acide phosphorique, très peu de potasse. Elle n'offre que de très faibles ressources.

Nº 262. Sud du village de Fanatera, sur le sommet d'une colline (30 mètres au-dessus de la mer).

Brousse. Région d'environ 40 hectares. Échantillon prélevé sur 70 ares, à proximité du village.

Terre très dure à la saison sèche et très difficile à travailler. Les végétaux y croissent néanmoins assez bien.

Une rivière, la Fanatera, coule au pied de la colline, à l'Est.

Le terrain ne paraît pas fertile; il n'y a pas de cultures.

L'échantillon ne renfermait pas de cailloux.

1,000 de terre contiennent :

Azote	0.71
Acide phosphorique	0.39
Potasse	0.14
Carbonate de chaux	traces.

Cette terre ocreuse est assez friable après dessiccation; elle est peu riche en humus et en azote, pauvre en acide phosphorique, très pauvre en potasse. Elle n'offre que de très faibles ressources.

Nº 263. 200 mètres à l'est du poste de Bekoloky, à 20 mètres au-dessus de la rivière Manambao-Velona.

Grandes herbes. Terrain de 10 kilomètres de long sur 4 à 5 kilomètres de large.

Toute la région n'est pas du même terrain. Région légèrement accidentée, ravins profonds; peu fertile. Terre rougeâtre et dure. L'eau n'y pénètre que difficilement pendant les pluies.

L'échantillon ne renfermait pas de cailloux.

1,000 de terre contiennent :

Azote	0.32
Acide phosphorique	0.19
Potasse	0.14
Carbonate de chaux	traces.

Cette terre a l'aspect d'une terre arable jaunâtre; elle est peu friable après dessiccation; elle contient peu d'humus et d'azote, très peu d'acide phosphorique et de potasse; elle n'offre aucune ressource.

Nº 264. Village de Kiboropody (500 mètres à l'Est).

Vallée cultivée : riz, maïs. Région uniforme sur 6 kilomètres de long et 3 kilomètres de large. Terrain très fertile, plat et humide, presque entièrement recouvert d'eau à la saison des pluies. Arrosé par les rivières Iaborano et Ampasiry.

L'échantillon ne renfermait pas de cailloux.

1,000 de terre contiennent :

Azote	0.49
Acide phosphorique	0.45
Potasse	0.15
Carbonate de chaux	traces.

Cette terre a l'aspect d'une terre arable grisâtre; elle est friable après dessiccation; elle contient peu d'humus, d'azote et d'acide phosphorique, très peu de potasse et n'offre que de faibles ressources.

Secteur du Ranobé.
N° 267. Village d'Anjozorabo (sud de Mandroso). Vallée.
Végétation luxuriante. Cultures remarquables : manioc, rizières. Échantillon pris dans un champ de manioc. Superficie de la région : 1,500 mètres du Nord au Sud, 1,200 mètres de l'Est à l'Ouest.
Sol très résistant pendant la saison des pluies; l'eau le détrempe très peu et se déverse dans quelques petits cours d'eau qui sillonnent les rizières.

L'échantillon ne renfermait pas de cailloux.
1,000 de terre contiennent :

Azote	0.39
Acide phosphorique	0.11
Potasse	0.14
Carbonate de chaux	traces.

Cette terre a l'aspect d'une terre arable grisâtre; elle est assez dure après dessiccation; elle contient peu d'humus et d'azote, extrêmement peu d'acide phosphorique et de potasse et n'offre pas de ressources à la culture.

N° 266. Poste de Mandroso (Est).
Vallées et plaines s'étendant à 12 kilomètres à l'Est, entre le poste, le lac Mandroso et la rivière Tsaratsimanana. Terrain très peu perméable, inondé à la saison des pluies, très résistant à la saison sèche.
Sol fertile, en partie converti en jardin par le poste. Tout ce qui y est semé ou planté pousse très bien.

L'échantillon ne renfermait pas de cailloux.
1,000 de terre contiennent :

Azote	0.46
Acide phosphorique	0.11
Potasse	0.12
Carbonate de chaux	traces.

Cette terre a l'aspect d'une terre arable grisâtre; elle est dure après dessiccation; elle contient peu d'humus et d'azote, extrêmement peu d'acide phosphorique et de potasse. Elle n'offre pas de ressources à la culture.

N° 265. Poste de Mandroso. Sommet d'un mamelon de 30 mètres au sud-ouest du lac Mandroso.

MM. Müntz et Rousseaux. 13

Végétation spontanée (bois) très développée. Toutes les collines environnantes sont du même terrain, 3 kilomètres Nord-Sud, 1 kilom. 500 Est-Ouest. Terrain rougeâtre et pierreux, sol très dur, peu perméable ; pendant la saison des pluies l'eau s'infiltre à peine dans le sol. La végétation spontanée y est très développée. Sol fertile.

L'échantillon ne renfermait pas de cailloux.

1,000 de terre contiennent :

Azote..	0.55
Acide phosphorique...	0.22
Potasse	0.14
Carbonate de chaux...	traces.

Cette terre ocreuse est dure après dessiccation ; elle contient peu d'humus et d'azote, très peu d'acide phosphorique et de potasse. Ses ressources sont presque nulles.

N° 268. Poste de Tamboharano, sur une dune de sable, 5 mètres au-dessus du niveau de la mer.

Végétation spontanée (arbustes, plantes grimpantes) et cultures : mil, maïs, manioc. La dune a une étendue de 12 kilomètres de long sur 80 mètres de large, au sud du poste. Terrain sablonneux et poussiéreux. Assez fertile ; le jardin potager du poste y a été installé, et tout ce qui a été ensemencé pousse très bien.

L'échantillon ne renfermait pas de cailloux.

1,000 de terre contiennent :

Azote..	1.11
Acide phosphorique...	0.58
Potasse	0.10
Carbonate de chaux...	traces.

Cette terre est sableuse, sans consistance ; elle contient sensiblement d'humus et d'azote, elle est peu riche en acide phosphorique, très pauvre en potasse. Elle n'offre que de faibles ressources.

N° 269. Poste de Tamboharano. Est du poste, point situé au pied de la dune de sable et au bord d'une rizière, 3 mètres au-dessus du niveau de la mer.

Végétation spontanée. Création d'un jardin potager, où tous les légumes viennent avec une rapidité remarquable. Étendue : 10-12 kilomètres Nord-Sud et 40 mètres de largeur, en bordure de la rivière à l'est du poste. Terrain sablonneux, de couleur noire.

L'échantillon ne renfermait pas de cailloux.

1,000 de terre contiennent :

Azote..	0.84
Acide phosphorique...	0.67
Potasse	0.20
Carbonate de chaux...	traces.

Cette terre est sableuse, sans consistance ; elle contient sensiblement d'humus et d'azote ; elle est moins riche en acide phosphorique, très pauvre en potasse ; elle n'offre que d'assez faibles ressources à la culture.

N° 270. Tamboharano, à 1 kilomètre à l'est du poste, dans une rizière, 3 mètres au-dessus de la mer.

Sol entièrement recouvert d'eau à la saison des pluies; végétation spontanée et cultures pendant la saison sèche. Rizière de 10–12 kilomètres Nord-Sud et 3 kilomètres Est-Ouest. Sol d'une grande fertilité lorsque les eaux se sont retirées.

L'échantillon ne renfermait pas de cailloux.

1,000 de terre contiennent :

Azote	0.26
Acide phosphorique	0.09
Potasse	0.19
Carbonate de chaux	traces.

Cette terre de couleur cendrée est assez friable après dessiccation; elle contient très peu d'humus, d'azote et de potasse, presque pas d'acide phosphorique; elle n'offre aucun fonds de fertilité.

N° 259. Sud-est du poste d'Andonaka. Colline (altitude : 100 mètres).

Cultures : manioc, patates, arachides, mil, pastèques, citrouilles et riz, sur une étendue de 6 kilomètres. Sol fertile, se détrempe énormément pendant les pluies et devient très glissant. Terre rougeâtre, argilo-sablonneuse.

L'échantillon ne renfermait pas de cailloux.

1,000 de terre contiennent :

Azote	0.57
Acide phosphorique	0.23
Potasse	0.10
Carbonate de chaux	traces.

Cette terre est d'un jaune ocreux; elle est dure après dessiccation ; elle est pauvre en humus et en azote, très pauvre en acide phosphorique et en potasse. Ses ressources de fertilité sont presque nulles.

N° 260. Sud-ouest du poste d'Andonaka.

Plaine (20 mètres au-dessus de la mer).

Végétation spontanée : plantes aquatiques; la plaine se transforme en marécage à la saison des pluies. Étendue : 600 mètres de long sur 100 à 150 mètres de large. Terre noire, mélangée de sable, conviendrait à la culture du riz. Les légumes du poste y viennent très bien. Sol fertile.

L'échantillon ne renfermait pas de cailloux.

1,000 de terre contiennent :

Azote	0.96
Acide phosphorique	0.21
Potasse	0.69
Carbonate de chaux	traces.

Cette terre est sableuse sans consistance ; elle contient sensiblement d'humus, d'azote et de potasse, très peu d'acide phosphorique. L'absence de l'acide phosphorique rend cette terre peu fertile.

Les terres de Maintirano sont les unes assez compactes, les autres sableuses et perméables.

Les terres ocreuses n'y sont pas fréquemment représentées ; il y a surtout des sables jaunâtres et des terres arables grisâtres. Toutes ces terres sont très pauvres en principes fertilisants.

L'acide phosphorique y est très peu abondant, la potasse y manque le plus souvent ; il y a peu d'humus et d'azote.

Quelques-unes de ces terres sont signalées comme fertiles, mais il est à prévoir qu'en raison de leur pauvreté la fertilité ne saurait se maintenir longtemps. C'est plutôt l'intervention de l'eau que la contenance du sol en principes nutritifs qui donne à ces terres quelque fertilité.

PROVINCE DE MAJUNGA.

Limites. — Au nord, la mer et le cercle d'Analalava ; à l'est, le cercle d'Ambatondrazaka ; au sud, le cercle d'Andriamena et le cercle de Mevatanana ; à l'ouest, le cercle de la Mahavavy.

Topographie générale. — Pays bas, vallée inférieure de la Betsiboka.

Climat. — Le climat de la province est assez salubre et celui de Majunga est assurément sain. Moyenne de la température annuelle : 25 degrés.

Géologie. — Terrains sédimentaires.

Cultures. — Cultures indigènes assez importantes, élevage assez développé.

Commerce et industrie. — Commerce très actif d'importation et d'exportation. Industrie encore peu développée, mais en progrès constant.

Voies de communication. — Voie fluviale de la Betsiboka jusqu'à Mevatanana, où s'amorce la route carrossable de Tananarive. Nombreuses routes muletières.

Ressources naturelles. — Importantes ressources agricoles. Minerais de cuivre dans la région du lac Kinkony.

Colonisation. — Très développée à Majunga.

N° 343. Jardin d'essais de Majunga.

Sommet d'une colline. Végétation spontanée : graminées et hautes herbes ; 15 hectares sur le jardin d'essais ; sol n'absorbant pas bien l'eau pendant les pluies. Fertilité relative.

L'échantillon ne renfermait pas de cailloux.

1,000 de terre contiennent :

Azote	0.43
Acide phosphorique	0.17
Potasse	0.12
Carbonate de chaux	traces.

Cette terre grisâtre est dure après dessiccation ; elle est pauvre en humus et en azote, très pauvre en acide phosphorique et en potasse. Ses ressources sont presque nulles.

N° 342. Jardin d'essais de Majunga.

L'échantillon a été prélevé dans une vallée. Sol cultivé par les indigènes en plantes potagères ou rizières. Étendue : 6 hectares sur le jardin d'essais. Terrain très fertile, profond, mais n'absorbant l'eau que fort mal.

L'échantillon ne renfermait pas de cailloux.

1,000 de terre contiennent :

Azote	3.90
Acide phosphorique	0.43
Potasse	0.59
Carbonate de chaux	traces.

Cette terre noire est assez dure après dessiccation ; elle est très riche en humus et en azote, moins riche en acide phosphorique, mais contient sensiblement de potasse ; elle présente quelques ressources.

N° 153. Ambatolampy, premières hauteurs, 10 mètres d'altitude.
Manioc et maïs. Côte bordée de palétuviers.

L'échantillon renfermait pour 1,000 de terre :

Terre fine	983.0
Cailloux	17.0 (siliceux).

1,000 de terre contiennent :

	TERRE FINE.	TERRE BRUTE.
Azote	1.04	1.02
Acide phosphorique	0.46	0.45
Potasse	0.29	0.28
Carbonate de chaux	1.50	1.47

Cette terre jaune est dure et un peu friable après dessiccation ; elle contient sensiblement d'humus et d'azote, peu d'acide phosphorique et de potasse. Elle n'a pas de grandes réserves de fertilité.

N° 159. Ambatolampy.
Rizières, altitude : 3 mètres. Terre non irriguée au moment de la prise.

L'échantillon renfermait pour 1,000 de terre :

Terre fine	982.0
Cailloux	18.0 (siliceux).

1,000 de terre contiennent :

	TERRE FINE.	TERRE BRUTE.
Azote	0.98	0.96
Acide phosphorique	0.40	0.39
Potasse	0.52	0.51
Carbonate de chaux	0.90	0.88

Cette terre jaunâtre est dure après dessiccation ; elle est sensiblement riche en humus et en azote, plus pauvre en acide phosphorique et en potasse et n'offre pas de grandes ressources de fertilité.

Nº 157. Ambatolampy.

Rizières au pied de la montagne. La culture du riz donne de bons résultats.

L'échantillon renfermait pour 1,000 de terre :

Terre fine...	943.8
Cailloux..	56.2 (siliceux).

1,000 de terre contiennent :

	TERRE FINE.	TERRE BRUTE.
Azote..	0.76	0.72
Acide phosphorique..................................	0.78	0.74
Potasse..	0.85	0.80
Carbonate de chaux..................................	0.90	0.85

Cette terre a l'aspect d'une terre arable ; elle est très dure après dessiccation ; elle renferme des proportions sensibles des divers éléments fertilisants et doit être regardée comme une terre assez fertile.

Nº 161. Ambatolampy.

Rizières, altitude : 0 m. 80. Terres naturellement irriguées. La végétation spontanée est très vigoureuse.

L'échantillon renfermait pour 1,000 de terre :

Terre fine...	790.0
Cailloux..	210.0 (calcaires).

1,000 de terre contiennent :

	TERRE FINE.	TERRE BRUTE.
Azote..	1.65	1.30
Acide phosphorique..................................	0.70	0.55
Potasse..	1.81	1.43
Carbonate de chaux..................................	222.00	175.38

Cette terre a l'aspect d'une terre arable ; elle est très dure après dessiccation ; elle est riche en humus, en azote et en potasse, moins riche en acide phosphorique et très calcaire. C'est une terre de fertilité moyenne, que l'irrigation peut notablement améliorer.

Nº 156. Miadana, sur le plateau (altitude : 52 mètres).
Aucune culture. Brousse.

L'échantillon renfermait pour 1,000 de terre :

Terre fine...	940.0
Cailloux..	60.0 (siliceux).

1,000 de terre contiennent :

	TERRE FINE.	TERRE BRUTE.
Azote..	0.59	0.55
Acide phosphorique..................................	0.22	0.21
Potasse..	0.42	0.39
Carbonate de chaux..................................	1.90	1.79

Cette terre ocreuse est dure après dessiccation ; elle est pauvre en éléments fertilisants, surtout en acide phosphorique ; elle est peu apte à être mise en culture.

N° 154. Miadana, entre Majunga et Marovoay.
Rizière. Plaine bordant le Betsiboka. Altitude : 0 m. 80. Très fertile.

L'échantillon ne renfermait pas de cailloux.
1,000 de terre contiennent :

Azote	0.62
Acide phosphorique	0.40
Potasse	0.88
Carbonate de chaux	8.20

Cette terre grisâtre a l'aspect d'une terre arable; elle est très dure après dessiccation; elle est peu riche en humus et en azote, sensiblement riche en potasse, pauvre en acide phosphorique, un peu calcaire. Elle offre quelques ressources.

N° 158. Miadana.

L'échantillon renfermait pour 1,000 de terre :

Terre fine	958.3
Cailloux	41.7 (siliceux).

1,000 de terre contiennent :

	TERRE FINE.	TERRE BRUTE.
Azote	0.43	0.41
Acide phosphorique	0.20	0.19
Potasse	0.54	0.52
Carbonate de chaux	1.50	1.44

Cette terre a l'aspect d'une terre arable; elle est dure après dessiccation; elle contient peu d'humus, d'azote et de potasse, et très peu d'acide phosphorique; elle doit être regardée comme très peu fertile.

District d'Ambato.
N° 167. Village de Bongamaro. Plateau.

L'échantillon renfermait pour 1,000 de terre :

Terre fine	990.0
Cailloux	10.0 (siliceux).

1,000 de terre contiennent :

	TERRE FINE.	TERRE BRUTE.
Azote	0.45	0.44
Acide phosphorique	0.39	0.39
Potasse	0.28	0.28
Carbonate de chaux	0.80	0.79

Cette terre ocreuse est dure après dessiccation; elle est pauvre en humus, en azote, en acide phosphorique et surtout en potasse et n'offre que de faibles ressources de fertilité.

Nº 160. Village de Bealana.
Rizières au bord de la Betsiboka. Altitude : 5 mètres.

L'échantillon ne renfermait pas de cailloux.
1,000 de terre contiennent :

Azote.. 0.78

Acide phosphorique....................................... 0.22

Potasse.. 0.42

Carbonate de chaux....................................... 0.50

Cette terre jaunâtre est très dure après dessiccation ; elle contient sensiblement d'humus et d'azote, très peu d'acide phosphorique et peu de potasse. Elle n'offre qu'un très faible fonds de fertilité.

Nº 165. Village de Befotaka.
Rizières. Altitude : 5 mètres.

L'échantillon ne renfermait pas de cailloux.
1,000 de terre contiennent :

Azote.. 1.11

Acide phosphorique....................................... 1.98

Potasse.. 5.13

Carbonate de chaux 34.00

Cette terre a l'aspect d'une terre arable ; elle est très dure après dessiccation ; elle contient sensiblement d'humus et d'azote, beaucoup d'acide phosphorique et surtout de potasse, en même temps qu'une notable proportion de carbonate de chaux. Elle doit être regardée comme une terre de bonne fertilité.

Nº 166. Village d'Ankazoabo.
Sommet du plateau. Altitude : 50 mètres. Non cultivé.

L'échantillon ne renfermait pas de cailloux.
1,000 de terre contiennent :

Azote.. 0.59

Acide phosphorique 0.60

Potasse.. 0.74

Carbonate de chaux....................................... 0.90

Cette terre ocreuse d'un rouge vif est très dure après dessiccation ; elle est peu riche en humus, en azote, en acide phosphorique, un peu plus riche en potasse et offre quelques ressources de fertilité.

Nº 163. Village de Madiroabo.
Commencement des hauteurs. Terre de manioc. Altitude : 15 mètres.

L'échantillon ne renfermait pas de cailloux.

1,000 de terre contiennent :

Azote. 0.63
Acide phosphorique. 0.52
Potasse. 0.42
Carbonate de chaux 1.00

Cette terre ocreuse et jaunâtre est dure après dessiccation; elle contient un peu d'humus, d'azote, d'acide phosphorique et de potasse et doit être regardée comme une terre de petite fertilité.

N° 155. Ambato Amkarambato.
Rizières. Vallée. Altitude: 10 mètres. Terre submergée chaque année par les eaux du Kamoro.

L'échantillon renfermait pour 1,000 de terre :

Terre fine. 765.0
Cailloux. . . . . 235.0 (siliceux).

1,000 de terre contiennent :

	TERRE FINE.	TERRE BRUTE.
Azote.	1.30	0.99
Acide phosphorique.	1.07	0.82
Potasse.	0.81	0.62
Carbonate de chaux.	1.00	0.76

Cette terre a l'aspect d'une terre arable; elle est très dure après dessiccation; elle est assez bien pourvue des divers éléments fertilisants et peut être regardée comme une terre de production moyenne.

N° 164. Betongao.
Flanc de coteau. Altitude : 15 mètres. Quelques champs de manioc.

L'échantillon ne renfermait pas de cailloux.
1,000 de terre contiennent :

Azote. 0.75
Acide phosphorique. 0.19
Potasse. 0.59
Carbonate de chaux. 0.70

Cette terre ocreuse d'un rouge vif est assez dure après dessiccation; elle est peu riche en humus, en azote et en potasse, très pauvre en acide phosphorique, et n'offre que de faibles ressources pour la culture.

N° 162. Village d'Andakavaky.
Plaines. Herbes pour pâturages. Altitude: 30 mètres.

L'échantillon ne renfermait pas de cailloux.

1,000 de terre contiennent :

Azote. 0.63
Acide phosphorique. 0.86
Potasse. 0.71
Carbonate de chaux. 0.70

Cette terre jaunâtre est très dure après dessiccation ; elle contient sensiblement d'humus, d'acide phosphorique et de potasse, et doit être regardée comme une terre de quelque fertilité.

Les terres de la province de Majunga ont été généralement prélevées à une très faible altitude au-dessus du niveau de la mer.

Elles sont pauvres en chaux, mais cet élément apparaît quelquefois par places.

Si nous envisageons séparément les terres non en culture, nous voyons que leurs réserves en principes fertilisants sont minimes et qu'on ne peut pas les considérer d'une manière générale comme offrant de grandes ressources de fertilité.

Elles paraissent appartenir, pour la plus grande partie, aux terrains ocreux du massif central, probablement charriés par les eaux.

Les terres en culture sont sensiblement plus riches; des fumures ont dû y être apportées et les améliorer graduellement.

Ce qui donne une certaine fertilité à cette région, ce sont les alluvions qui s'y sont accumulées et qui paraissent y avoir formé des couches assez épaisses.

EXAMEN DES TERRES AU POINT DE VUE DE LEUR CONSTITUTION ET DE LEURS PROPRIÉTÉS PHYSIQUES.

Nous avons classé les terres du plateau central, de beaucoup les plus répandues, en terres de diverses natures, suivant leur aspect et leurs aptitudes physiques.

En première ligne, par ordre de fréquence, viennent les terres ocreuses, qui couvrent la majeure partie de la surface de l'île et qui constituent des argiles caractérisées par une grande plasticité quand elles sont humides et une dureté très forte quand elles sont sèches.

Ce ne sont cependant pas les mêmes argiles que celles qui font la base de la plupart des terres cultivées dans les pays d'Europe. Ces dernières sont le plus souvent constituées par un silicate hydraté d'alumine et de potasse. On est donc habitué à voir les sols argileux riches en potasse et n'ayant pas besoin de l'apport de cet élément. Les terres de Madagascar doivent leurs propriétés colloïdales et leur nature argileuse à un mélange de silicate d'alumine hydraté et d'oxyde de fer, ce dernier étant ordinairement très abondant. Ce n'est donc pas une argile comme celle provenant des roches feldspathiques; aussi ces terres manquent-elles presque entièrement de l'élément potassique.

Nous avons examiné, au point de vue de leur composition intime, c'est-à-dire de l'ensemble des principes qu'elles contiennent, un certain nombre de ces terres, choisies comme types.

Les terres rouges proprement dites représentant les terres du massif central que nous avons trouvées si ingrates au point de vue de la richesse en éléments fertilisants et si peu aptes à être cultivées, en raison de leurs propriétés physiques, nous ont présenté, après l'élimination de l'eau et des traces de la matière organique par la calcination, la composition suivante :

Nº 52 [1] Silice.. 57.0 p. 100.
　　　Sesquioxyde de fer...................................... 9.2
　　　Alumine.. 32.9
　　　Chaux... 0.0
　　　Magnésie.. 0.7
　　　Potasse... 0.1
　　　Soude... traces.

Une terre rouge, appartenant également au type des terres du plateau central, (nº 115) [2], en possédant toutes les propriétés, mais en différant quelque peu par une couleur jaunâtre, due à l'état de combinaison dans lequel se trouve le fer, nous a fourni les résultats suivants :

　　　Silice.. 57.6 p. 100.
　　　Sesquioxyde de fer...................................... 11.4
　　　Alumine... 29.6
　　　Chaux... 0.0
　　　Magnésie.. 0.8
　　　Potasse... 0.6
　　　Soude... traces.

Enfin, une troisième terre rouge de ce type (nº 129 [3]) a donné :

　　　Silice.. 51.0 p. 100.
　　　Sesquioxyde de fer...................................... 11.3
　　　Alumine... 35.8
　　　Chaux... 0.0
　　　Magnésie.. 1.7
　　　Potasse... 0.2
　　　Soude... traces.

On voit que toutes ces terres présentent une grande analogie de composition ; elles sont constituées en majeure partie par des silicates d'alumine et de l'oxyde de fer.

Les autres éléments constitutifs des minéraux n'y sont qu'en très faibles proportions. La chaux y manque à peu près complètement, la potasse n'y existe qu'en très petites quantités, et nous ne devons pas être étonnés de voir, d'une part, que le dosage des éléments fertilisants dans l'ensemble de ces terres indique une grande pauvreté et que, d'autre part, leurs propriétés physiques se rapprochent de celles des terres les plus argileuses.

Si nous abordons l'analyse physique, telle qu'elle est recommandée par M. Schlœ-

[1] Page 32.
[2] Page 33.
[3] Page 46.

sing, avec une séparation mécanique des éléments de diverses grosseurs, nous trouvons pour une terre rouge prise comme type (n° 52)[1] :

Éléments impalpables ou argileux	34.84 p. 100.
Sable fin	36.45
Sable grossier	28.12
Humus	0.00

L'énorme quantité d'éléments impalpables, ayant sinon la composition, au moins la propriété de l'argile, explique suffisamment pourquoi ces terres se prennent ainsi en masses compactes, pourquoi elles durcissent par la dessiccation et sont dépourvues de toute perméabilité.

Ce qui montre que l'oxyde de fer joue aussi bien que le silicate d'alumine le rôle d'élément colloïdal, c'est qu'on le trouve dans les parties les plus fines, qui se mettent en suspension dans l'eau et qui constituent les éléments argileux. Il se répartit assez uniformément entre les divers éléments constitutifs de la terre. Ainsi, nous en avons dosé, dans 100 parties des divers lots séparés :

	N° 113 [2]	N° 121 [3]	N° 209 [4]
Dans le sable grossier	12.1	33.0	9.0
Dans le sable fin	11.2	34.0	7.9
Dans l'argile	11.4	28.0	13.0

Il y a donc, dans les parties argileuses, de notables quantités d'oxyde de fer, qui jouent certainement le rôle d'éléments colloïdaux et contribuent à la compacité et à l'imperméabilité.

Nous avons pratiqué sur quelques lots de ces terres rouges des chaulages, à raison de 1 et 2 de chaux grasse p. 1,000 ; ce mélange qui, dans les terres argileuses ordinaires, amène un certain degré d'ameublissement, n'a pas modifié sensiblement les propriétés physiques des terres ocreuses de Madagascar ; elles sont restées aussi plastiques et aussi imperméables à l'état humide et sont devenues aussi dures par la dessiccation, sans s'effriter, comme on eût pu l'espérer. Il est donc à prévoir que l'on n'obtiendra par le chaulage de ces terres que peu de résultats au point de vue de l'amélioration de leurs propriétés physiques.

L'humus paraît, au contraire, les ameublir. En effet, celles de ces terres rouges dans lesquelles la matière organique existe dans une certaine proportion sont sensiblement ameublies. Ce qui confirme cette manière de voir, c'est l'exemple observé chez MM. Leblanc et Lecomte, qui ont pu modifier la consistance de leurs terres, situées près de Fianarantsoa, par l'apport de fumures organiques.

Il semble donc qu'il faille compter plus sur l'enrichissement de ces terres ocreuses en humus par l'effet de la culture et des arrosages que sur l'action des chaulages, pour les transformer en terres arables.

A côté des terres rouges, et dans les mêmes régions, se trouvent fréquemment des terres jaunes, qui ont d'ailleurs les mêmes propriétés que les précédentes, et qui peuvent être confondues avec elles.

[1] Page 32.
[2] Page 65.
[3] Page 43.
[4] Page 131.

La couleur moins rouge et tirant sur un jaune clair ne tient pas à la diminution de la proportion de fer, mais bien à l'état de combinaison chimique dans lequel celui-ci est engagé. Ces terres jaunes sont même généralement plus riches en oxyde de fer que les terres rouges proprement dites. Voici les résultats qu'elles ont fournis :

	N° 121 [1]	N° 124 [2]
Silice..	29.6	52.1
Sesquioxyde de fer..........................	34.3	16.9
Alumine.....................................	35.0	30.0
Chaux.......................................	0.0	0.0
Magnésie....................................	0.9	0.7
Potasse.....................................	0.2	0.3
Soude.......................................	traces.	traces.

Ces terres sont encore constituées par des silicates d'alumine, mélangés à des proportions très élevées d'oxyde de fer. Leur constitution physique s'explique par cette composition.

Une de ces terres jaunes, le n° 124, prise comme type, nous a donné les résultats suivants pour l'analyse physique :

Éléments impalpables ou argileux............................	16.64 p. 100.
Sable fin..	45.12
Sable grossier..	37.75
Humus...	0.00

Ces terres ont, en général, une compacité un peu moindre que les terres ocreuses proprement dites, ce qui s'explique par une diminution des éléments colloïdaux et une prédominance du sable fin.

Mais, en réalité, ces terres jaunes doivent rentrer dans la catégorie des terres ocreuses, dont elles se rapprochent par leur constitution intime.

Nous avons trouvé fréquemment aussi, dans les échantillons qui nous ont été adressés, des terres onctueuses, violacées, ayant une apparence très différente des terres ocreuses et des terres jaunes proprement dites.

Une de ces terres (n° 132)[3] a présenté la composition suivante :

Silice...	67.6
Sesquioxyde de fer..	5.7
Alumine...	24.5
Chaux...	0.0
Magnésie..	1.5
Potasse...	0.7

Elles sont donc formées, en majeure partie, par du silicate d'alumine, avec de l'oxyde de fer et de la magnésie et contiennent une quantité appréciable de potasse.

[1] Page 43.
[2] Page 44.
[3] Page 47.

Ces terres ne sont pas compactes et s'effritent assez facilement. L'analyse physique a montré qu'elles contenaient (n° 132) :

Éléments impalpables ou argileux . . . . 2.74 p. 100.
Sable fin 50.02
Sable grossier 45.04
Humus 0.00

La composition de ce sol explique pourquoi il offre moins de compacité, n'ayant qu'une quantité minime d'éléments argileux.

En certains endroits, on rencontre des terres d'une grande blancheur, onctueuses au toucher, ayant toutes les apparences du talc.

Nous avons trouvé la composition suivante pour une de ces terres (n° 133) [1] :

Silice 63.6
Oxyde de fer 0.1
Alumine 34.3
Chaux 0.0
Magnésie 1.9
Potasse 0.2
Soude . . . . traces.

C'est donc un silicate d'alumine avec une petite quantité de magnésie.

Cette terre a donné à l'analyse physique les résultats suivants :

Éléments impalpables ou argileux . . . . 8.65 p. 100.
Sable fin 77.50
Sable grossier 11.35
Humus 0.00

Elle n'a pas beaucoup de compacité, et les éléments fins qui entrent dans sa constitution ne présentent pas une grande adhérence.

Quelquefois, on a affaire à des terres sableuses, sans grande consistance, constituées en grande partie par des paillettes de mica.

Nous avons vu plus haut que de pareilles terres sont presque entièrement dépourvues de principes fertilisants, sauf cependant de potasse, qu'on y trouve quelquefois en quantités très sensibles.

A l'analyse physique, elles ont fourni les résultats suivants :

(N° 26) [2] Éléments impalpables ou argileux . . . . 5.23 p. 100.
Sable fin 23.40
Sable grossier 69.12
Humus 0.00

Toutes les terres dont nous venons de parler proviennent du massif central et sont prélevées dans des parties non cultivées, représentant des terres vierges.

Leur imperméabilité et leur compacité empêchent de les classer dans les terres arables

[1] **Page** 49.
[2] **Page** 121.

proprement dites; elles sont, en outre, généralement pauvres en principes fertilisants.
Une terre arable (n° 25)[1] a donné les résultats suivants :

Éléments impalpables et argileux.................................... 9.24 p. 100.
Sable fin... 59.42
Sable grossier.. 28.94
Humus.. 0.55

Malgré l'absence de la chaux, cette terre a les apparences d'une terre franche, dépourvue de compacité et relativement perméable.

L'analyse physique, basée sur la séparation par lévigation des matériaux de diverses grosseurs, concorde avec l'examen superficiel que donne le pétrissage de la terre, qui peut suffire, à la rigueur, pour déterminer à quelle classe de terrains appartient un sol considéré.

Cet examen consiste à pétrir la terre entre ses doigts avec un peu d'eau et à constater si la pâte ainsi formée est consistante et adhésive ou bien si les particules n'ont que peu de liaison entre elles.

Lorsqu'on laisse s'opérer la dessiccation de la pâte ainsi obtenue, on constate que les unes durcissent et se cassent difficilement; que les autres, au contraire, sont plus ou moins friables et s'émiettent sous les doigts.

Lorsqu'on a affaire à une terre arable, c'est-à-dire à la terre végétale, qui contient déjà une certaine proportion d'humus, on en est immédiatement averti par la couleur particulière de la terre, bien différente de celle des terres vierges. Cet humus, tout en contribuant à lier les particules entre elles, amène un ameublissement très notable.

Si les terres rouges, généralement si ingrates, couvrent la plus grande partie de la surface de l'île, elles ne sont cependant pas les seules qu'on y rencontre; il y en a qui ne sont pas de nature argileuse et imperméable, qui se prêtent bien mieux à la culture et dont les propriétés physiques sont très différentes.

Ces terres s'étendent surtout dans la région de l'Ouest, où de grandes surfaces présentent une formation géologique différente et des sols de toute autre qualité, perméables et faciles à travailler, généralement aussi mieux pourvues d'éléments utiles.

Dans le sud de l'île, les terres ocreuses ne couvrent que de faibles surfaces. Et, là aussi, on trouve des sols d'un travail facile, de constitution différente et qui présentent de réserves plus grandes de principes fertilisants; elles peuvent rentrer dans les conditions des bonnes terres arables. Mais la rareté des pluies les empêche de donner les résultats que leur composition permettrait d'en attendre.

CONSIDÉRATIONS SUR L'EMPLOI DES ENGRAIS ET DES AMENDEMENTS.

Les analyses ayant montré quels sont les éléments qui manquent aux terres, examinons la possibilité d'améliorer celles-ci par l'apport des engrais et des amendements.

Nous voyons, d'une façon générale, que l'acide phosphorique fait défaut dans le plus grand nombre de cas, tout au moins dans les régions où dominent les terres rouges.

Des engrais phosphatés y produiront certainement de l'effet.

---

[1] Page 121.

Si l'on y a recours, il convient de s'adresser aux plus concentrés, afin d'éviter le transport coûteux des matières inertes. C'est ainsi que les superphosphates minéraux à haut titre (16 à 18 p. 100 d'acide phosphorique), les superphosphates d'os (18 à 20 p. 100 d'acide phosphorique), les phosphates précipités (30 à 34 p. 100 d'acide phosphorique) seraient à recommander dans la généralité des terres.

Il en serait de même des scories de déphosphoration riches (16 à 18 p. 100 d'acide phosphorique).

Les phosphates naturels ne semblent devoir trouver leur place que dans des sols contenant beaucoup de matières organiques, surtout dans ceux qui sont acides, comme on en trouve souvent dans les endroits marécageux, particulièrement destinés à l'établissement des rizières.

Ces divers engrais phosphatés apporteront avec eux une petite quantité de chaux, laquelle, quoique trop faible pour modifier le sol, aura cependant un effet utile sur la végétation.

La potasse manque aussi fréquemment que l'acide phosphorique et, dans beaucoup de terres, la proportion en est presque insignifiante.

Des engrais potassiques, joints aux engrais phosphatés, activeraient beaucoup la végétation. C'est ce qui explique pourquoi l'emploi des cendres végétales est si fréquent et si efficace à Madagascar.

C'est au chlorure de potassium (50 p. 100 de potasse) et au sulfate de potasse (42 à 45 p. 100 de potasse) qu'il conviendrait de s'adresser.

Quant aux engrais azotés, on pourra les demander au sulfate d'ammoniaque (20 à 21 p. 100 d'azote) et au nitrate de soude (14 à 15 p. 100 d'azote), de même qu'au nitrate de potasse (13 à 14 p. 100 d'azote). On peut encore employer les déchets animaux, sang, viande et corne (12 à 15 p. 100 d'azote), qui sont, il est vrai, plus encombrants et non immédiatement assimilables, mais qui auraient l'avantage d'apporter quelque peu d'humus. C'est surtout quand ils se trouvent sur les lieux mêmes, ce qui peut arriver à Madagascar, qu'on doit y recourir, d'autant plus que ces engrais à décomposition plus lente ameublissent le sol et sont moins rapidement enlevés par les eaux.

Dans les sols où l'azote est accumulé sous forme de débris végétaux, il n'y a pas lieu de faire un apport d'engrais azotés; il sera plus avantageux de chercher à mobiliser l'azote existant en apportant des phosphates naturels, des scories, et en pratiquant des chaulages.

Pour les terres qui manquent de chaux et qui, par suite, sont très compactes, des chaulages à haute dose feraient certainement de l'effet, en rendant le sol plus perméable et plus facile à travailler; ils ne dispenseraient pas cependant de l'apport des autres éléments qui manquent.

On peut affirmer que toutes les cultures profiteraient des améliorations qu'on ferait ainsi subir au sol.

Mais il faut envisager aussi le côté économique de la question.

Des engrais concentrés, comme ceux dont nous venons de parler, peuvent être amenés par mer sans frais excessifs; ce sont les transports sur terre qui sont coûteux.

Sur les côtes, à proximité des ports de débarquement, il sera donc possible de recourir à ces engrais importés d'Europe, comme on le fait, sur une grande échelle, sur d'autres points de la mer des Indes. Il en sera de même sur le parcours des lignes ferrées, si les tarifs sont suffisamment réduits, et sur celui de beaucoup de cours d'eau, que les pirogues des indigènes remontent facilement. Mais ailleurs, dans les localités très éloignées, il ne semble pas possible, à l'heure actuelle, d'amener les engrais à un prix de revient qui puisse en rendre l'emploi rémunérateur.

C'est donc surtout dans les localités desservies par les bateaux ou les pirogues et par les chemins de fer que nous voyons la possibilité pratique d'améliorer les terres par l'engrais chimique.

Quant à la chaux, qui fait presque complètement défaut, nous ne pensons pas qu'on puisse l'apporter à ces terres pour en modifier la nature.

Pour que son effet fût sensible, il faudrait qu'on en donnât des quantités énormes, car c'est par milliers de kilogrammes (2,000 à 3,000 kilogrammes par hectare), qu'il faudrait l'employer, ce qui entraînerait des frais hors de toute proportion avec la plus-value que pourrait acquérir la terre. Il vaut mieux, *à priori*, renoncer à l'idée d'apporter de la chaux comme amendement.

Au point de vue de l'alimentation végétale, il en faut des quantités bien moindres, que l'application des phosphates apportera avec elle.

Après les produits importés, il y a lieu d'examiner les ressources locales de l'île en principes fertilisants.

Les fumiers produits par les animaux, les résidus de l'alimentation humaine, ont été employés de tout temps dans tous les pays et contribuent à l'amélioration du sol.

Des gisements de phosphates sont signalés à Madagascar; il est probable qu'on en trouvera d'autres. S'ils sont exploités, si la mouture en est faite sur place, il y a là une ressource pour les terrains avoisinants et, en général, pour les parties de l'île où ils peuvent être amenés sans être grevés de trop de frais. C'est surtout, comme nous l'avons dit, aux terres acides, riches en matières organiques, que le phosphate naturel convient. A défaut d'autres engrais phosphatés, on peut d'ailleurs l'employer dans toutes les terres auxquelles il est possible de le donner à peu de frais. Il faudra pourtant le répandre à haute dose pour qu'il produise un effet appréciable.

Il n'y a pas, à l'heure actuelle, à envisager la possibilité de le traiter sur place pour en faire des superphosphates. Une industrie pareille ne pourrait s'établir que si l'on trouvait, à proximité, des gisements de pyrite permettant de fabriquer l'acide sulfurique nécessaire à cette transformation. Il ne faut donc pas s'exagérer l'importance, au point de vue de la fertilisation générale de l'île, de la découverte de quelques gisements de phosphates.

Le calcaire apparaît en beaucoup de points et, si l'on trouve du combustible à proximité, on peut le transformer en chaux par la cuisson.

Il conviendra de s'adresser, de préférence, aux calcaires les plus purs, donnant une chaux grasse, en évitant les calcaires magnésiens, qui ne fournissent, par la cuisson, qu'un produit se délitant mal [1].

L'emploi de la chaux ainsi produite sera subordonné aux moyens de transport. En raison des grandes quantités qu'il faut employer pour en obtenir de l'effet, ce n'est qu'à proximité des lieux de production qu'il semble possible de l'utiliser.

---

[1] Nous avons examiné quelques échantillons de calcaires magnésiens qui nous ont été adressés par M. Vuillaume : 1° sables provenant de la décomposition de certains bancs calcaires, dans la vallée de la rivière Vato. Provenance de Fianarantsoa.

2° Bancs calcaires d'où proviennent les sables précédents.

3° Calcaire d'Ambohimanga (province de Fianarantsoa).

Comme ressources locales, nous devons encore signaler les cendres végétales, qui apportent en même temps du phosphate, de la potasse et de la chaux, c'est-à-dire les divers éléments qui manquent le plus souvent.

Partout où on les emploiera, les cendres végétales produiront un bon effet. Il faut donc utiliser celles dont on dispose; mais il ne semble pas qu'il y ait lieu de chercher à en répandre l'usage, car on aboutirait ainsi à la destruction de plus en plus rapide de la végétation forestière de l'île, qu'il y aurait, au contraire, intérêt à maintenir et à étendre.

De toutes manières, même dans les localités d'un abord facile, l'amélioration du sol par les éléments qui lui manquent entraîne des dépenses importantes. .

Quand il s'agit de cultures ordinaires, comme celles des céréales, des fourrages, etc., il convient d'agir avec beaucoup de précautions, car il est probable que dans un grand nombre de cas les frais ne seront pas couverts par l'augmentation de la récolte.

Il en est autrement pour les cultures spéciales, qui donnent un revenu brut relativement élevé et qui peuvent alors supporter de plus fortes dépenses. Lorsqu'il s'agit de la culture de la vanille, du café, du thé, du cacao, etc., produits qui se vendent à un prix élevé, le surcroît de récolte peut facilement arriver à payer la dépense supplémentaire.

Pour ces cultures, l'emploi des engrais s'appliquera de préférence.

Dans une région où les surfaces sont grandes et où une partie seulement est mise en culture, on peut quelquefois arriver à concentrer sur cette dernière les principes

Ces échantillons ont donné les résultats suivants, p. 100 :

	N° 1	N° 2	N° 3
Carbonate de chaux	44.00	39.00	71.60
Carbonate de magnésie	34.85	18.35	19.75
Matières sableuses	18.00	39.50	9.00
Acide sulfurique	0.00	Traces.	0.00
Acide phosphorique	0.009	0.008	0.008

Il ne serait pas à conseiller d'employer ces calcaires pour la fabrication de la chaux, soit pour l'agriculture, soit pour la construction. Ils se délitent et se cuisent mal, et les sables mêmes qui proviennent de leur décomposition n'auraient, pour le marnage des terres, qu'une trop faible valeur.

D'autres échantillons, qui nous ont été également adressés par M. Vuillaume, ne sont pas sensiblement différents. Ils ont été prélevés à environ 30 kilomètres au nord-ouest de Fianarantsoa.

Des morceaux de calcaire d'Ambohimanga, d'aspect cristallisé et se broyant difficilement, ont fourni à l'analyse :

Carbonate de chaux	60.00
Matières sableuses	3.80
Acide phosphorique	0.0016
Acide sulfurique	0.00·

Un calcaire d'Ikalalao, plus facilement pulvérisable, a donné :

Carbonate de chaux	34.40
Matières sableuses	50.10
Acide phosphorique	0.0491
Acide sulfurique	0.00

Ces calcaires renfermant, comme les précédents, des quantités notables de carbonate de magnésie, ne sont pas davantage utilisables pour l'agriculture.

fertilisants soustraits aux terres avoisinantes. Là où il y a des pâturages, le fumier produit par les animaux, employé dans les terrains cultivés, les améliore et les rend plus fertiles. Ce sera, principalement pour les localités éloignées des voies de comunucation, la principale ressource en matériaux nutritifs que les colons trouveront à leur disposition.

Un autre élément de fertilité doit appeler l'attention au plus haut degré : c'est l'eau, qui a une action si puissante sur la végétation, et qui, en plus de son effet stimulant, doit être considérée comme un véritable engrais. Les principes minéraux qu'elle tient en dissolution sont assimilables au plus haut degré. En outre, elle charrie le plus souvent des limons, éléments d'une grande finesse, qui constituent à la fois un engrais et un amendement. Ces colmatages se renouvelant périodiquement apportent à la terre un regain de fertilité.

Les ressources locales doivent jouer le premier rôle dans les améliorations du sol, car, ainsi que nous l'avons dit plus haut, l'emploi des engrais chimiques restera forcément limité à quelques localités d'un accès facile et encore, dans celles-ci, devra-t-on choisir judicieusement les terres auxquelles on les appliquera, et ce sera certainement le plus petit nombre.

Il ne faut pas oublier, en effet, que les terres ocreuses, en particulier, qui couvrent la plus grande partie de l'île, manquent à la fois de tous les éléments de fertilité et qu'en apportant simultanément les engrais azotés, phosphatés, potassiques et calcaires, on serait entraîné à une dépense extrêmement élevée, que peu de cultures sauraient rémunérer.

Dans les vallées bien arrosées, il y a souvent déjà un certain fonds de fertilité, c'est-à-dire que l'un ou l'autre des éléments fertilisants existe déjà, surtout l'azote, résidu des végétations antérieures. Alors les conditions sont déjà améliorées, puisqu'il n'est plus nécessaire que d'apporter l'un des éléments fertilisants.

C'est donc en des points limités et bien définis par leur situation géographique ou topographique, ou pour certaines cultures de grand rapport, que les engrais devront être employés.

Mais, pour la grande majorité des terres de l'île, on devra se borner à utiliser les ressources locales, et les efforts devront se concentrer sur les points où le sol n'est pas par trop ingrat.

CONCLUSIONS.

Lorsqu'il s'agit de déterminer la richesse fondamentale d'une région, c'est aux terres vierges, à celles qui n'ont pas été modifiées par la culture, qu'il faut s'adresser, car ce sont elles qui représentent le type des terrains et qui doivent servir de bases aux appréciations générales.

Cela est particulièrement vrai pour un pays qui est en grande partie encore inculte et où ces terres vierges ont un développement incomparablement plus grand que celles qui sont mises en culture.

Cette raison nous a engagés à tenir compte avant tout, dans nos conclusions, des terres prises dans leur état primitif, non enrichies artificiellement par des fumures et des amendements.

C'est le fonds de fertilité qu'elles peuvent renfermer qui doit guider sur l'opportunité de leur mise en valeur.

Leur composition nous servira dans l'appréciation de l'avenir agricole de la Grande Ile.

Si nous considérons l'ensemble de l'île de Madagascar au point de vue de la nature de ses terrains et des ressources qu'ils peuvent offrir à la culture, nous sommes amenés aux constatations suivantes :

L'impression générale est qu'une grande partie de l'île se trouve constituée par des terres d'une très faible teneur en principes fertilisants, qui n'offrent que peu de ressources à la grande culture et sont difficiles à exploiter.

Mais, même dans les régions où ces terrains ingrats dominent, il existe des surfaces fertiles qui peuvent se prêter à la culture.

L'Imerina, qui occupe au centre de l'île une vaste surface, sous un climat éminemment salubre, est formée presque exclusivement par des terres rouges, dans lesquelles la chaux, l'acide phosphorique et la potasse sont très peu abondants; l'azote ne s'y trouve lui-même qu'en faible proportion. La nature physique de ces terres est également défavorable à la culture.

A l'exception des fonds de vallée, on peut dire que les terres de l'Imerina se présentent dans de trop mauvaises conditions pour être mises en exploitation et cette immense région ne nous semble pas susceptible de devenir un pays de production intensive et un centre de colonisation pour les grandes entreprises. On devra se borner à concentrer ses efforts sur les parties les moins ingrates, où se trouvent, en même temps qu'une certaine richesse du terrain, des conditions d'humidité suffisantes.

Le Betsileo ressemble beaucoup à l'Imerina; il est constitué par des terres de même nature et se trouve dans les mêmes conditions topographiques; ce que nous venons de dire s'y applique donc également.

D'après les quelques échantillons de terre du cercle des Bara, on voit qu'outre les terres ocreuses pareilles à celles des territoires précédents, il y a des sols d'une nature différente, un peu mieux pourvues d'éléments fertilisants.

Les cercles d'Anjozorobé, de Moramanga, d'Ambatondrazaka sont constitués en grande partie par des terres rouges, le plus souvent très pauvres; mais, en un grand nombre de points, il existe des terres riches, offrant de sérieuses ressources culturales et dont la colonisation agricole pourrait tirer un bon parti. Le cercle d'Ambatondrazaka est particulièrement privilégié sous ce rapport; on y rencontre des dépôts lacustres d'une grande richesse.

La région Ouest de l'île se présente dans des conditions assez satisfaisantes; les terres sont ordinairement pourvues de principes fertilisants; elles sont perméables et d'un travail facile, et il y a lieu de croire qu'elles pourront être avantageusement exploitées.

Quant aux provinces du littoral Est, si l'on ne considère que la composition du sol, on doit reconnaître qu'en général elles ne sont pas très favorisées sous le rapport de la teneur de leurs terres en principes nutritifs. Il y existe cependant des terres cultivées qui paraissent assez fertiles; le climat chaud et humide contribue ici, plus que la composition du sol, à favoriser le développement végétal.

Le Sud de l'île paraît offrir d'assez grandes ressources, les terrains examinés ayant une certaine richesse et étant d'un travail facile.

En somme, les plus grandes surfaces sont occupées par des terres rouges très ferrugineuses, qui couvrent tout le massif central et qui vont débordant dans toutes les directions vers le littoral. Ces terres rouges, surtout celles des mamelons, sur la composition desquelles nous devons surtout nous appuyer pour formuler une opinion sur les réserves en principes fertilisants et sur les ressources que Madagascar peut présenter à la colonisation agricole, se caractérisent, au point de vue chimique, par le manque de calcaire et de potasse et par la pénurie d'acide phosphorique. Elles n'offrent pas dans leur ensemble un fonds de richesse qui permet de les transformer en terres arables de bonne qualité.

Elles sont d'ailleurs compactes et imperméables, très difficiles à travailler; elles se ravinent par les pluies et se crevassent par la sécheresse; le plus souvent elles sont en pente, ce qui ne contribue pas à faciliter leur exploitation.

Toutes ces conditions sont particulièrement défavorables et la mise en culture de ces terres rouges ne nous semble pas devoir être conseillée.

Mais en beaucoup d'endroits, ces terres sont modifiées par la formation d'humus qu'ont favorisé la situation topographique et l'intervention de l'eau, ou par une longue suite de cultures pratiquées par la population indigène. Les vallées sont ordinairement dans ce cas; aussi y trouve-t-on des sols riches et frais, dans lesquels la culture peut réussir. Si les terres de vallées sont plus fertiles que celles des coteaux, elles n'en ont pas moins la même origine géologique; il suffit, pour s'en convaincre, de détruire la matière organique par la calcination, et l'on retrouve alors la même nature de terre rougeâtre qui domine dans le pays. Ceci montre que ce n'est pas tant la constitution primitive du sol lui-même qui règle la fertilité, c'est surtout la disposition topographique, qui produit l'accumulation des éléments nutritifs et maintient dans le sol l'eau, dont l'action bienfaisante s'exerce sur le développement végétal.

La grande majorité des terrains dont nous parlons ici ont une même origine géologique et sont caractérisés par la prédominance de l'oxyde de fer, l'absence de calcaire et la pauvreté en éléments fertilisants, la compacité et l'imperméabilité.

L'exemple des terres enrichies que nous avons citées permet, il est vrai, de croire qu'une longue suite d'améliorations peut amener ces terrains en bon état de fertilité. Cela est peut-être vrai pour beaucoup d'entre eux, mais c'est là l'œuvre des siècles, et les générations qui voudraient entreprendre ces modifications s'y useraient sans profit immédiat.

Dans les formations caractérisées par les terres rouges, il faut donc choisir soigneusement les points qu'on veut mettre en exploitation. C'est dire qu'il ne faut pas regarder toute l'île de Madagascar comme un pays de grand avenir agricole et dont l'ensemble des terrains pourrait se prêter à une culture rémunératrice. Mais nous avons vu, au cours de cette étude, que beaucoup de points, même dans des régions déshéritées, peuvent appeler l'attention des colons.

Nous avons déjà expliqué quelles raisons économiques s'opposent, dans la plupart des cas, à ce que ces terres soient améliorées par des engrais importés ou par des amendements nécessitant des transports coûteux. Si l'un ou l'autre seulement des principaux éléments de fertilité faisait défaut, on pourrait, à la rigueur, apporter celui-ci. Mais la plupart d'entre eux manquent simultanément; la chaux, l'acide phosphorique, la potasse, et le plus souvent aussi l'humus, et par suite l'azote, existent en quantités trop faibles pour une bonne production. En apportant tous ces éléments à la fois, on arriverait certainement à modifier avantageusement les terres et à leur donner de la fertilité; une pareille opération serait une erreur économique; c'en est une même dans les terres de la Métropole, qui sont pourtant placées dans des conditions d'exploitation bien plus favorables. Dans les colonies, et à Madagascar en particulier, la dépense à faire pour mettre toutes les terres en valeur dépasserait tellement le résultat à obtenir, qu'une pareille entreprise ne doit pas venir à l'esprit.

Dans leur état actuel, ces terres rouges n'ont aucune valeur vénale; elles en acquerraient une, difficile à apprécier, mais sûrement peu élevée, si elles étaient enrichies par des moyens artificiels; cependant la plus-value acquise par le terrain ne nous semble pas pouvoir arriver à atteindre la dépense occasionnée par son amélioration. Leur exploitation serait onéreuse et aléatoire, par suite de leur nature argileuse, qui les rend si différentes des terres arables, que caractérisent l'ameublissement et la perméabilité.

Il y a plutôt lieu de les exploiter dans leur état naturel, c'est-à-dire sans y faire les travaux culturaux, pénibles et coûteux.

Là où poussent des herbes propres à la nourriture du bétail, c'est comme pays d'élevage qu'on doit les utiliser, et les terrains gazonnés doivent être soigneusement conservés. On tirera ainsi du sol avec peu de frais ce que celui-ci est susceptible de donner.

Là où la végétation forestière est développée, on aurait tort de la faire disparaître, et il faudrait empêcher les indigènes de la brûler; d'ailleurs le terrain qu'on gagne ainsi n'a qu'une fertilité éphémère, tandis que les essences qui s'y trouvent sont souvent susceptibles d'utilisation.

Il conviendrait donc plutôt de laisser une grande partie de l'île en cultures extensives, c'est-à-dire dans la période pastorale et forestière, où l'homme tire surtout parti de la végétation spontanée, et abandonner les terres où celle-ci est peu abondante.

Les bas-fonds, les vallées, où les terres sont plus riches et où il existe des conditions d'humidité favorables à la végétation, sont les plus susceptibles d'être exploitées.

Souvent ces terres sont déjà occupées par les indigènes. Le colon devra porter ses efforts sur celles d'entre elles qui restent disponibles et éviter d'user ses forces sur une terre trop ingrate.

Il devra donc choisir avec un grand soin le terrain qu'il veut mettre en culture et bien se pénétrer de cette idée que ce n'est pas l'importance de la surface concédée qui peut devenir pour lui une source de profits, mais la nature du sol et son aptitude à être transformée en terre arable.

Il devra surtout s'inquiéter de la présence de l'eau, qui est l'agent de fertilisation par excellence.

Madagascar offre une surface notablement plus grande que celle de la France et qu'on ne peut pas penser à mettre entièrement en valeur. Il faut choisir les points privilégiés sous le rapport de la nature des terres et du régime des eaux, y concentrer ses efforts, y développer des cultures de grand rapport. La partie restreinte de l'île qui sera ainsi exploitée pourra donner des résultats importants et assurer à la colonie une certaine prospérité.

Nota. Cette étude était déjà en cours de publication quand diverses modifications dans les divisions administratives de l'île ont été apportées à la fin de 1900.

C'est ainsi que les cercles de Tananarive, d'Ankazobé, de Miarinarivo, de Betafo, d'Ambatondrazaka sont devenus les provinces de même nom.

La province de Tananarive comprend elle-même la province de Tananarive-Ville, qui s'y trouve enclavée, comme le département de la Seine l'est dans celui de Seine-et-Oise; le cercle de Tsiafahy et le cercle d'Anjozorobé ont été réunis et ont constitué la province de Manjakandriana; le cercle du Betsiriry est maintenant le territoire sakalave; la province de Diego-Suarez est le territoire du même nom. La province d'Andévorante n'est plus qu'un district du territoire des Betsimisaraka du Sud, qui comprend également les districts de Vatomandry et de Mahonoro. Enfin le district de Midongy, qui faisait partie de la province de Fianarantsoa, appartient aujourd'hui à la province d'Ambositra; par contre, le district d'Ikongo est passé de la province de Farafangana à celle de Fianarantsoa.

Mais nous avons dû conserver les divisions telles qu'elles existaient lors de la prise des échantillons.

TABLE DES MATIÈRES.

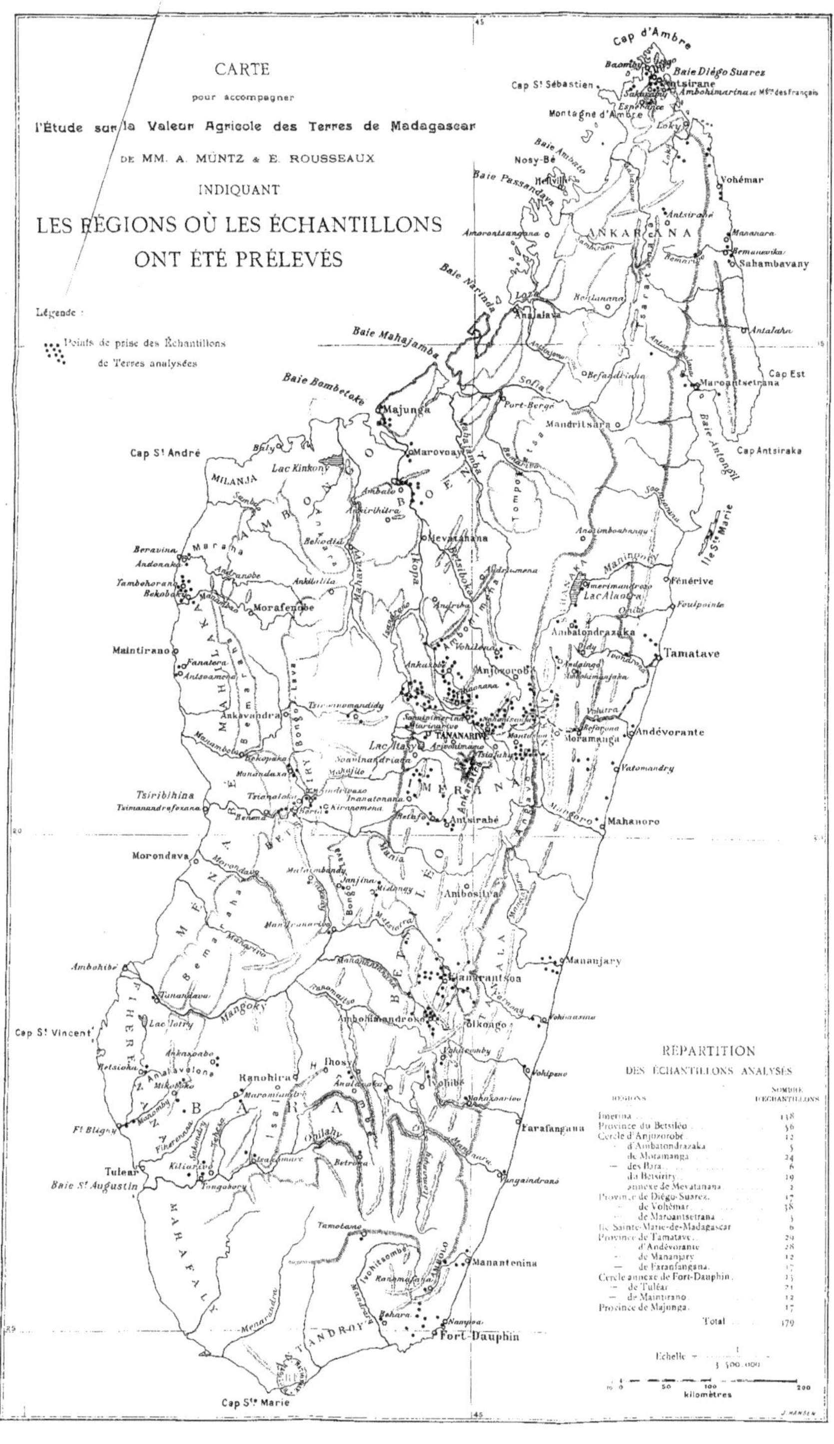

RÉGIONS	NOMBRE D'ÉCHANTILLONS
Imerina	138
Province du Betsiléo	56
Cercle d'Anjozorobe	12
— d'Ambatondrazaka	5
— de Moramanga	24
— des Bara	6
— du Betsiriry	19
— annexe de Mevatanana	2
Province de Diégo-Suarez	17
— de Vohémar	38
— de Maroantsetrana	3
Île Sainte-Marie-de-Madagascar	6
Province de Tamatave	29
— d'Andévorante	28
— de Mananjary	12
— de Farafangana	17
Cercle annexe de Fort-Dauphin	13
— de Tuléar	21
— de Maintirano	12
Province de Majunga	17
Total	479

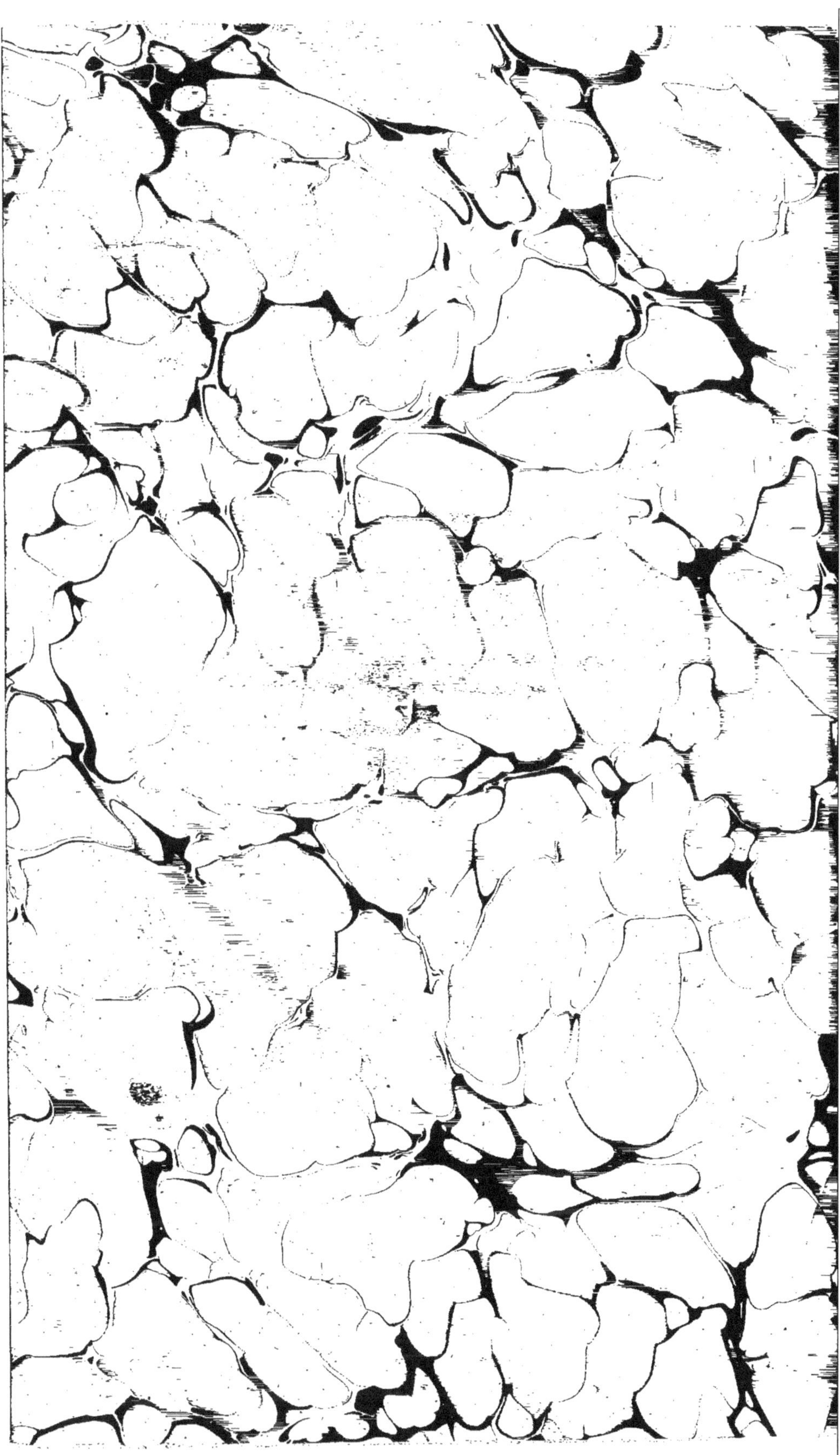

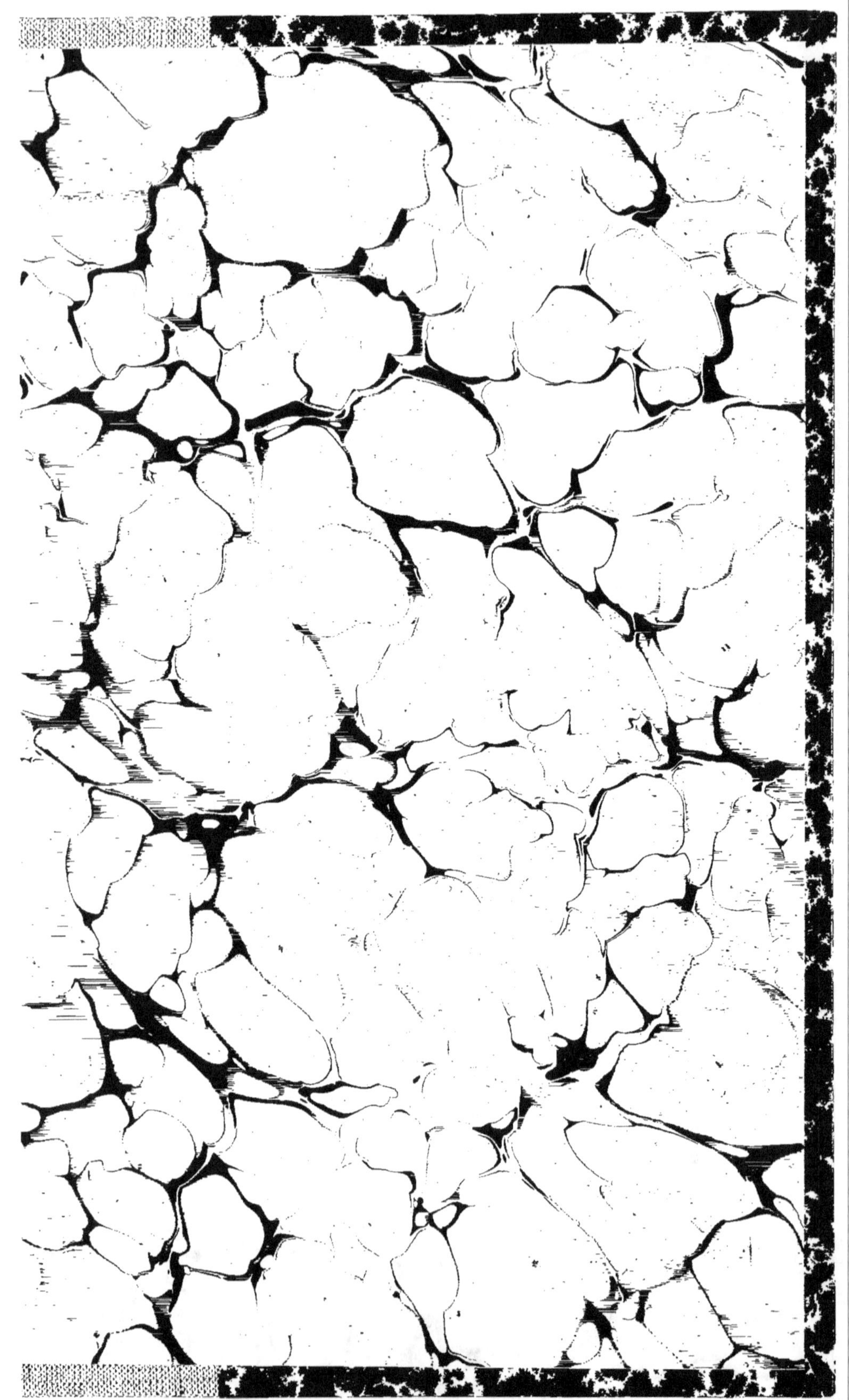